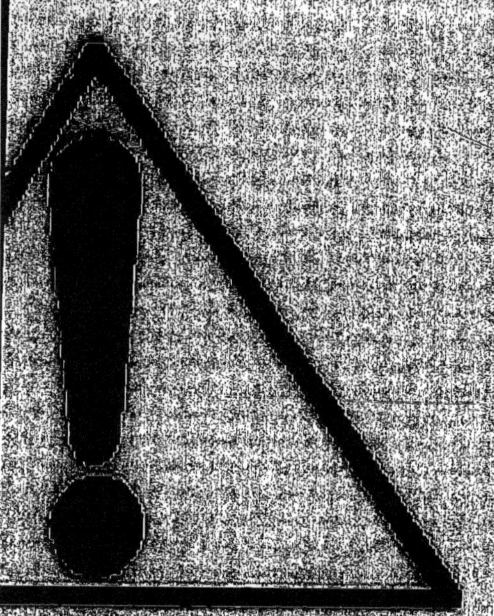

T A ÉTÉ MICROFILMÉ
IL A ÉTÉ RELIÉ

3S4576

Entier

R 11515 5

:23926 Volts :112 :

PÉRIODICITÉ

DES

GRANDS DÉLUGES

RÉSULTANT

du mouvement graduel de la ligne des apsides de la terre.

THÉORIE PROUVÉE PAR LES FAITS GÉOLOGIQUES

PAR

H. LE HON.

« ... Une grande et subite révolution a mis à sec le fond de la dernière mer et en a formé les pays aujourd'hui habités...

CUVIER.

AVEC UNE CARTE DES TERRES EUROPÉENNES AVANT LE DÉLUGE DE LA GENÈSE.

BRUXELLES ET LEIPZIG
ÉMILE FLATAU,
ANCIENNE MAISON MAYER ET FLATAU.

PARIS.
VICTOR DALMONT,
Quai des Augustins, Nos 39 et 41.

1858.

PÉRIODICITÉ

DES

GRANDS DÉLUGES.

6

Extrait des mémoires et publications de la Société des sciences, des arts et des lettres du Hainaut, 2e série, tome V.

PÉRIODICITÉ

DES

GRANDS DÉLUGES

RÉSULTANT

du mouvement graduel de la ligne des apsides de la terre.

[illegible]ÉORIE PROUVÉE PAR LES FAITS GÉOLOGIQUES

PAR

[illegible] LE HON.

[illegible]de et subite révolution a mis à sec [illegible] mer et en a formé les pays [illegible]

CUVIER.

AVEC UNE CARTE DES TERRES EUROPÉENNES AVANT LE DÉLUGE DE LA GENÈSE.

BRUXELLES ET LEIPZIG.	PARIS.
ÉMILE FLATAU,	**VICTOR DALMONT,**
ANCIENNE MAISON MAYER ET FLATAU.	Quai des Augustins, Nos 39 et 41.

1858.

AVANT-PROPOS.

Les hypothèses présentées jusqu'ici pour expliquer les nombreux cataclysmes qui ont ravagé la terre, ne peuvent résister à un examen rigoureux. Nous allons essayer de compléter une théorie nouvelle, et d'établir les preuves de la cause véritable de ces terribles phénomènes. Qu'il nous soit permis à cette occasion de payer notre tribut d'admiration pour les travaux gigantesques des géologues. Ils ont exploré, fouillé et décrit les couches de l'écorce terrestre dans presque toutes les contrées du monde, et fait revivre d'anciennes et innombrables créations éteintes dont ils ont du arracher les débris aux anciens limons durcis; mais bien qu'ayant découvert une série de phénomènes géologiques modificateurs de la surface du globe, une grande cause devait échapper à leurs savantes investigations : c'est que cette formidable force périodique de destruction sort du domaine de la géologie, et qu'il fallait la chercher dans les lois cosmologiques. Le lecteur jugera si cette grande question est enfin résolue.

LES SYSTÈMES DE SOULÈVEMENTS DES CHAINES DE MONTAGNES, N'ONT PU PRODUIRE LES GRANDS CATACLYSMES DU GLOBE.

La théorie qui attribue aux soulèvements brusques des chaînes de montagnes, les grands cataclysmes qui ont bouleversé tant de fois la surface de la terre, et détruit une succession de faunes distinctes, est si généralement adoptée aujourd'hui qu'il pourra sembler téméraire de la révoquer en doute. Nous entreprendrons néanmoins de démontrer son peu de vraisemblance pour ne pas dire son impossibilité matérielle. En faisant ce travail, inspiré par une forte conviction, nous ne sommes mûs que par le désir de jeter une lumière nouvelle sur cette grande question. Si nous avons rencontré des vérités, elles germeront et vivront. Dans le cas contraire, ces lignes tomberont dans l'oubli et nous ne nous en plaindrons pas.

La recherche et la connaissance de l'âge relatif des principales chaînes de montagnes du globe a illustré le nom de M. Élie de de Beaumont. Ses études nous ont appris que ces divers systèmes de montagnes ont été soulevés à des époques différentes, que les Pyrénées, par exemple, remontent à une plus haute antiquité géologique que les Alpes; celles-ci que le Tenare, etc. De plus, il a émis l'opinion que toutes les chaînes parallèles, quoique situées en diverses contrées et s'écartant, plus ou moins, d'un grand cercle de la terre, devaient être contemporaines et avoir été produites par le même mouvement souterrain. Enfin, comme nous venons de le dire, presque tous les géologues, dont il faut excepter, toutefois, un des plus grands noms, M. Lyell, attribuent les déluges généraux à ces systèmes de soulèvements.

Examinons rapidement ces trois ordres de faits.

La connaissance de l'âge relatif des montagnes, par l'étude des couches relevées et des couches en place contre leurs flancs, est une des plus belles découvertes de la géologie. Ici M. Élie de Beaumont, pour les chaînes qu'il lui a été donné d'explorer, a démontré matériellement, par des faits irrécusables, la réalité de sa théorie. Malheureusement ce travail était trop vaste pour être achevé par un seul homme. Il eût fallu se transporter en Asie, dans les deux Amériques, etc., au milieu de contrées souvent brûlantes et désertes. Force fut à M. Élie de Beaumont de s'en référer, pour une grande partie de son travail, à certaines études de géologues éloignés, ou, à défaut de documents, de se livrer au champ des conjectures.

« On remarquera, dit à ce sujet M. Lyell, que les géologues ne s'accordent nullement à l'égard du parallélisme de la *direction* de toutes les chaînes qui passent pour être contemporaines, et que plusieurs de celles dont on va chercher des exemples jusqu'en Afrique, en Asie, dans l'Inde et dans l'Amérique du sud, sont trop peu connues, même géographiquement, pour servir de données positives à une généralisation certaine [1] »

Le parallélisme des chaînes, indiquant leur contemporanéité,

[1] Principes de géol. T. 1, p. 497.

ne peut donc être accepté que d'une manière hypothétique, et ne deviendra un fait acquis à la science que dans l'avenir, si l'étude géognostique des montagnes, encore inexplorées, vient confirmer l'opinion émise par M. Élie de Beaumont; rien ne prouve davantage que les systèmes de soulèvement ont eu l'étendue qu'indique une théorie brillante, acceptée avec d'autant plus d'empressement par la plupart des géologues, que les causes des grands désastres de la terre, dont tous les signes sont manifestes, restaient un mystère dont on n'était pas encore parvenu à soulever le voile.

Abordons, maintenant, la question des soulèvements comme causes des grands cataclysmes généraux.

Les géologues partisans de cette théorie sont bien obligés de prétendre, à priori, que les soulèvements des chaînes de montagnes se sont produit *brusquement*. Du moment où ces mouvements de la croûte terrestre n'auraient pas eu lieu d'une manière instantanée, il deviendrait impossible d'expliquer des bouleversements terribles qui auraient détruit tout ce qui vivait sur la terre. Or rien n'établit d'une manière certaine l'instantanéité de ces soulèvements, et ici nous nous appuyons sur une autorité bien puissante. Suivant M. Lyell, des zones étroites peuvent être graduellement soulevées à de grandes hauteurs aussi bien que de grandes étendues de terre s'élèvent et s'abaissent lentement, comme cela a lieu depuis les temps historiques pour une partie de l'Amérique du sud et de la Suède. En effet, il suffit pour cela que l'axe de pression intérieure suive une ligne droite ou courbe et que cette pression, longtemps continuée, s'exerce suivant cette ligne et non sous une surface plus ou moins étendue dans tous les sens.

Suivant M. Darwin les chaînes résulteraient d'une succession de petits soulèvements produits, pendant les tremblements de terre, par le mouvement des masses fluides internes, contre les parois de la croûte et le long des axes des chaînes, où elles produisent des vibrations. Suivant les observations de ce savant voyageur, les tremblements de terre de 1822 et 1835 ont surélevé de plusieurs mètres la côte occidentale du Chili et indubitablement aussi la chaîne des Andes [1].

Nous savons que des surélévations brusques du sol d'une assez grande altitude ont été constatées, depuis les temps historiques : telles sont celles qui produisirent Santorin, l'Ile Julia, le Monte-Nuovo, près de Naples, le Jorullo au Mexique, etc. Mais ces soulèvements purement locaux et très circonscrits, puisqu'ils n'embrassent guère plus d'une lieue carrée, ne sont que des volcans ou des produits volcaniques, et l'on sait l'énorme quantité de volcans éteints ou en activité qui couvrent une partie du globe, souvent sur des plateaux peu élevés. Quel rapprochement peut-on établir entre ces phénomènes restreints et d'un caractère spécial avec les grandes chaînes des Alpes, des Pyrénées, de la Scandinavie, etc., qui ne contiennent pas une seule bouche volcanique? On conviendra qu'il serait au moins imprudent de généraliser et qu'il y a lieu de ne pas confondre des phénomènes si dissemblables.

Dans la séance du 5 décembre 1855, [2] communication a été faite à la Société géologique de Londres, d'un mémoire de M. Daniel Sharpe, sur le dernier soulèvement des Alpes, mémoire accompagné de notes sur les hauteurs auxquelles la mer a laissé des traces sur les parois de ces montagnes. L'objet de ce mémoire est de montrer qu'après que les Alpes ont eu pris leur forme actuelle, toute la région était sous l'eau et à 3,000 mètres plus bas qu'aujourd'hui, qu'elle est sortie du sein de la mer par *une succession d'élévations* séparées par *de longs intervalles de temps*, pendant lesquels les flots ont produit sur les flancs des Alpes, des impressions encore visibles aujourd'hui : ces effets sont décrits sous trois chefs principaux :

1° Érosion des flancs des montagnes produisant des formes arrondies qui s'étendent jusqu'à des limites définies, au-dessus

[1] Trans. géol. soc. of London. Vol. v.
[2] Journal l'*Institut*, N.° 1166.

desquelles les montagnes s'élancent en pics rugueux, et qui offrent un contraste frappant avec les formes arrondies au-dessous. Ce changement de forme avait été observé par Hugi qui le rapportait à une composition différente des roches, par MM. Agassiz et Desor, qui, ayant constaté que l'hypothèse de Hugi n'était pas correcte, l'ont expliqué par l'action de la glace en mouvement et à laquelle ils ont assigné arbitrairement une limite supérieure définie, et enfin par M. J. Forbes, qui a reconnu le même phénomène en Norwége de 500 à 700 mètres d'élévation. M. Sharpe montre qu'on rencontre dans toute la Suisse ces lignes d'érosion à trois niveaux définis de 4,800, 7,500 et 9,000 pieds anglais au-dessus de la mer, et il soutient que nulle action, si ce n'est celle de l'eau, n'aurait pu produire une uniformité de niveau sur une aussi vaste étendue, et qu'il faut une bien longue période de temps pour avoir formé de si profonds déchirements sur les flancs des rochers.

2.° Le changement subit dans la pente qu'on observe à l'origine de toute vallée en Suisse est, suivant l'auteur, dû à une action d'excavation de l'eau qui est restée stagnante pendant longtemps à cette hauteur, et il donne un tableau, de l'élévation au-dessus de la mer, des origines de 40 à 50 vallées à diverses altitudes qui présentent une concordance de niveau entre les vallées sur les versants opposés des Alpes, et entre les excavations de diverses vallées et les lignes d'érosion à 4,800 et 7,500 pieds, la glace et la neige s'opposant à une comparaison avec la ligne la plus élevée à 9,000 pieds.

3.° Les terrasses de l'alluvium dans les vallées sont considérées, conformément à l'opinion de MM. Darwin, Yates et autres, comme ayant été formées par des détritus, entraînés par les eaux s'élevant au niveau de l'origine de la terrasse. L'auteur donne l'élévation de plusieurs de ces terrasses, et montre la correspondance qu'on observe entre ces diverses altitudes....

Tous ces effets ne peuvent avoir été produits que par une mer entourant les Alpes, et le niveau de cette mer étant supposé avoir été constant, les Alpes doivent avoir été soulevées au-dessus des eaux lorsque ces opérations avaient lieu. La période où a eu lieu cette élévation dernière, a dû suivre l'époque tertiaire, et une grande partie de ces vastes accumulations de sable, de gravier, de blocs arrondis qu'on observe dans les vallées des Alpes et qui couvrent les terres basses de la Suisse, doit avoir été formée par les flots, battant sur les montagnes pendant leur élévation.

Enfin, reportant les yeux sur les blocs erratiques anguleux des flancs du Jura, etc., l'auteur croit avoir ainsi fait disparaître la seule difficulté sérieuse qu'on oppose à ceux qui pensent qu'ils ont été transportés par des blocs de glace flottante, en montrant que les niveaux auxquels on trouve ces blocs avaient été pendant longtemps, à l'époque de leur déplacement, au-dessous de la mer.

Voilà des faits qui semblent bien résulter de consciencieuses et laborieuses recherches, et qui viennent déranger les deux systèmes de soulèvements brusques de la chaîne occidentale et de la chaîne principale de M. Élie de Beaumont; car d'après ce qu'on vient de lire, il y aurait eu au moins trois soulèvements *de toutes les Alpes*, et non deux : mais M. Sharpe part de l'opinion générale, que le niveau des mers est constant et perpétuel. Nous verrons bientôt s'il en est ainsi, et nous démontrerons, sinon la vraisemblance d'un soulèvement lent et graduel des Alpes au moins celle d'une succession plus ou moins nombreuse de surélévations d'une importance secondaire.

Citons encore le passage suivant de M. Lyell, au sujet des couches relevées sur les flancs des Alpes :

« Les strates marines tertiaires qui ont été soulevées à la hauteur de 2,000 à 4,000 pieds, consistent en formations d'âge divers, caractérisées par des fossiles propres à chacune d'elles. *Les groupes tertiaires anciens sont ceux qui atteignent, en général, les plus grandes hauteurs*, et qui forment les zones intérieures les plus rapprochées des crêtes centrales des Alpes. *Quoiqu'on n'ait pas encore déterminé le nombre des diverses époques où les Alpes acquirent et plus d'élévations et plus de largeur*, on peut du moins affirmer que la dernière *série de mouvements*, qui occasionna en elles ce double accroissement, n'eut lieu que lorsque les mers comptèrent parmi leurs habitants, un grand nombre d'animaux des espèces actuelles. »[1]

Les Pyrénées aussi étaient considérées, d'abord, comme ayant été produites par un effroyable soulèvement brusque. Voici M. A. D'Orbigny, qui reconnait déjà deux effets de soulèvement.

« Les Pyrénées, dit-il, ayant surgi au-dessus des mers, en même temps que le pays de Bray et une partie du Surrey, en Angleterre, se sont surélevées à la fin de la période Suessonienne..... »[2]

M. Lyell ne croit pas plus que M. D'Orbigny à un seul effort de soulèvement pour cette chaîne : « .... La preuve de l'extrême soudaineté de la convulsion qui détermina le soulèvement des Pyrénées consiste, (suivant l'opinion que combat M. Lyell), dans la courte durée du temps que l'on suppose s'être écoulé entre la formation de la craie et celle de certaines strates tertiaires. Mais lors même que cet intervalle serait restreint à une telle limite, il se pourrait encore qu'il embrassât un laps de temps très long. On ne peut cependant, sans s'écarter de la rigueur qu'exige tout raisonnement, permettre d'exclure entièrement, soit la période crétacée, soit la période tertiaire, de la durée possible de l'intervalle, pendant la totalité ou une partie duquel l'exhaussement s'est produit..... »

« Le soulèvement des Pyrénées peut donc s'être produit soit avant que les animaux de la période crétacée cessassent d'exister, soit pendant que les couches de Maestricht étaient en voie de se déposer, soit durant l'intervalle immense qui a du s'écouler entre l'extinction des animaux contemporains de cette formation, et l'apparition des tributs éocènes, soit lors de l'accumulation

[1] Nous ne croyons donc pas qu'il soit possible d'admettre qu'il n'y aurait eu que deux soulèvements des Alpes, et que chacun de ces systèmes de soulèvements aurait produit un grand cataclysme sur le globe. La suite de ce travail viendra, du reste, appuyer notre opinion, par des preuves plus puissantes.

[2] Pal. et géol. str. T. II., p. 707.

des strates éocènes, soit enfin pendant la durée entière d'une seule de ces périodes, ou de plusieurs d'entr'elles ou même de toutes. »[1]

Mais cette importante question n'était pas vidée. A la suite de nouvelles études du massif Pyrénéen, MM. Raulin, de Rouville, Delbos et Noulet, viennent de constater que le soulèvement final des Pyrénées, s'est opéré après que le terrain éocène supérieur était déjà constitué et avant que le terrain miocène le fut encore; c'est-à-dire, entre les étages Parisien et Tongrien. [2]

Veut-on d'autres faits plus rapprochés de nous? Dans l'Amérique du Sud, les Andes du Chili, comme nous venons de le voir, se soulèvent depuis les temps historiques, et ce mouvement se propage en décroissant graduellement d'intensité, à la Plata et à la Patagonie jusqu'à l'Atlantique. [3] En Europe, une partie de la Suède nous offre le même phénomène.

Les travaux de M. A. D'Orbigny, dont le monde savant déplore la perte récente, ont établi les preuves que le nombre des révolutions de notre globe a été beaucoup plus considérable qu'on ne le soupçonnait avant lui : il établit 27 faunes distinctes et successives, détruites 27 fois par des cataclysmes généraux. Pour expliquer ces 27 destructions de presque tout ce qui vivait sur la terre, l'ouvrage de M. de Beaumont ne présente que 17 systèmes de soulèvements : encore parmi ce nombre y en a-t-il qui ne sont que d'une importance secondaire et qui ne pourraient en aucune manière avoir produit ces *effroyables convulsions*, pour me servir des termes employés par M. Élie de Beaumont lui-même. Tels sont les systèmes de soulèvements du Hainaut, du Rhin, du Thuringerwald, de la Côte d'Or, du Ténare, indiqués sous les N.os d'ordre 8, 9, 10, 11 et 17. D'ailleurs, ainsi

[1] Principes. T. I, pp. 493, 494.

[2] L'Institut, 23 décembre 1857.

[3] Principes, T. I, pp. 499, 500.

que ce savant géologue l'a fait voir, les perturbations produites par les commotions souterraines ont été généralement bornées à une étendue restreinte, évaluée à un dix-huitième environ de la surface terrestre. Il serait bien difficile d'admettre que de tels soulèvements qui ont eu lieu en grande partie sur des continents déjà émergés, comme le fait remarquer M. Lyell, aient eu la puissance de dévastation nécessaire pour bouleverser toutes les mers et détruire la presque totalité des animaux et des végétaux des deux hémisphères.

Mais admettons, pour un instant, l'hypothèse des soulèvements brusques et de l'étendue que leur assigne la théorie de M. Élie de Beaumont.

La circonférence moyenne de la terre est de 9,000 lieues. L'élévation des plus hautes chaînes de montagnes, d'une lieue environ, en négligeant les sommités extrêmes et exceptionnelles. Les plus grandes profondeurs des mers peuvent en moyenne être évaluées à une lieue et demie. Les inégalités de la partie solide de la surface du globe sont donc comprises dans une limite approximative de 2 ½ lieues, c'est-à-dire qu'elles ne sont que d'*un trois mille six centièmes* de la circonférence de la terre. Que le lecteur juge si une cause, renfermée dans de telles conditions et de telles limites, a pu produire les grands cataclysmes généraux.

Les abîmes des mers et les sommets des montagnes sont si peu de chose eu égard à l'énormité du globe, que M. Biot, comme chacun sait, les a comparés aux plus faibles rugosités d'une écorce d'orange. M. Adhémar a recherché le volume comparatif d'une chaîne ou plutôt d'un groupe important de montagnes et voici le résultat où il est arrivé : si nous supposons une assiette ordinaire, comme étant la circonférence du globe, l'abdomen de la mouche commune représenterait le groupe *de toutes les Alpes réunies.* La fameuse chaîne des Andes de 1,200 lieues de longueur, la plus grande du globe, doit certainement paraître une énormité au chétif voyageur jeté sur la terre comme un atôme, mais cette chaîne n'est, en réalité, qu'une très légère ride équivalente à un septième à peine de la circonférence de notre planète.

Mais n'avons nous pas eu dans les temps modernes de grands mouvements de l'écorce terrestre? a-t-on oublié le tremblement de terre dit *de Lisbonne*, bien qu'il ait embrassé une grande partie de l'hémisphère boréal?

Lors de ce terrible événement, on observa les faits suivants :

« Au moment du tremblement de terre qui remua tout le pays, qui ébranla toute la ville et la campagne voisine, les montagnes se fendirent, des affaissements considérables eurent lieu, sans doute, dans la mer, car un quai, nouvellement bâti en marbre, s'engloutit, ainsi que les barques qui y étaient attachées, dans un gouffre qui se forma, et parut avoir plus de 200 mètres de profondeur. La mer se retira, d'abord, revint plus haut de 17 mètres que d'ordinaire, et forma des lames de projection qui envahirent plusieurs fois la côte. La secousse se fit sentir en Espagne, en France et dans toute l'Europe; mais les effets des eaux s'étendirent plus loin. A Cadix, une grande lame, de 20 mètres de hauteurs, balaya la côte d'Espagne, à diverses reprises et ravagea toute la côte; à Kinsale, en Irlande, la mer enleva des navires du port et les porta jusque sur la place du marché; à Alger, à Fez, 10,000 personnes périrent, et tout le bétail fut englouti; à Tanger (Afrique) la mer franchit ses limites dix fois de suite et inonda le pays; à Funchal, dans l'île de Madère (Canaries), les lames s'élévèrent à près de 7 mètres et couvrirent la côte à diverses reprises. Des lames de projection se firent enfin sentir, lors de ce tremblement de terre, de la Martinique (Antilles) jusqu'en Laponie, et des côtes d'Afrique jusqu'au Groënland, c'est-à-dire sur presque tous les points de l'Océan Atlantique. » [1]

Ajoutons à ces détails, ces passages de la lettre adressée de Portugal par le chirurgien Wolfall, à un des membres de la So-

[1] D'Orbigny. Pal. et Géol. str., t. 2. II, p. 834.

ciété royale à Londres, et dans laquelle il évalue, pour Lisbonne seule, le nombre des morts à 30,000. [1] « La secousse s'est fait sentir dans toute l'étendue du royaume, mais particulièrement le long des côtes. Faro, Saint-Ubalds et quelques-unes des grandes villes commerçantes, sont dans une situation encore pire, s'il est possible, que Lisbonne.... »

« Il est possible que la cause de tous ces désastres soit venue du fond de l'Océan Occidental, car je viens de converser avec un capitaine de vaisseau qui paraît un homme de grand sens et qui m'a dit, qu'étant à cinquante lieues au large, il éprouva une secousse si violente que le pont de son vaisseau en fut endommagé... »

Voilà, vraisemblablement, un des grands mouvements de l'écorce de notre globe, produit par des causes souterraines formidables qui ont dû remuer le lit de l'Océan ; qu'en est-il résulté? des désastres locaux, circonscrits sur de très petits espaces et sans durée. Les eaux de l'Atlantique n'ont pas seulement envahi une lieue de côtes, ni en Europe, ni en Afrique, ni en Amérique, et l'équilibre s'est rapidement rétabli. Nous le demandons, après 1755, la science géographique a-t-elle eu à rechercher de nouvelles circonscriptions dans les continents ou les îles? a-t-elle dû modifier les cartes existantes?

Mais arrêtons ici la première partie de cet exposé, à laquelle ce qui va suivre doit donner une nouvelle force. Nous allons présenter une analyse de l'ouvrage de M. Adhémar et faire ressortir, autant qu'il est en nous, la grandeur et la réalité de sa théorie[2].

[1] Trans. phil., t. XLIX, année 1755.

[2] Révolutions de la mer, formation géologique des couches supérieures du globe. Par M. Adhémar. Paris, Carilian Gœury et V. Dalmont. 1843.

Théorie de M. Adhémar.

Ce qui fait la force de la théorie de M. Adhémar, c'est que cet éminent mathématicien ne l'appuie pas sur une simple hypothèse. Il pose, pour base de ses calculs et de ses conclusions, un fait astronomique reconnu par la science : *le changement lent de la ligne des Apsides de la terre*, ou du grand axe de son orbite. M. Adhémar n'est point géologue ; libre de toute idée préconçue sur les systèmes géologiques, il a recherché qu'elles devaient être les consequences d'un fait considérable dont on n'avait jusqu'ici constaté que l'existence. Son système ressort des théorèmes les plus élémentaires de la statique, il résulte de la force du calcul et de l'induction.

Le point de départ incontesté est donc que le grand axe de l'orbite terrestre n'est pas immobile dans l'espace, et tourne lentement sur lui-même. Nous ne suivrons pas ici l'auteur dans l'exposé qu'il présente des causes de ce grand phénomène, nous dirons seulement que si l'on compare le mouvement de la terre aux étoiles, il faut une période de 25,900 années pour que le moment des équinoxes corresponde au même point du ciel; mais si l'on rapporte la position du globe au grand axe de l'orbite, il n'en sera plus de même. M. Adhémar établit, par ses calculs, qu'il doit s'écouler 21,000 ans entre l'époque actuelle et le moment où les saisons correspondront aux mêmes points de l'orbite. C'est en l'année 1,248 de notre ère que le premier jour de notre hiver coïncidait avec le passage de la terre au périhélie. Pendant les 594 années qui se sont écoulées depuis le grand axe de l'orbite, continuant son mouvement, a décrit un angle de 10° 12′ 48″ [1]. La conséquence des ces faits est qu'après un intervalle d'environ 10,500 années, l'ordre des saisons se trouvera *renversé*, par rapport aux principaux points de l'orbite. La durée totale de l'automne et de l'hiver réunis de notre hémisphère, surpassera, d'environ huit jours, la durée totale du printemps et de l'été. M. Adhémar, après de longues recherches et par un savant et consciencieux exposé, arrive à cette conclusion, que tous les 10,500 ans, la constitution physique des deux hémisphères doit se trouver modifiée, et qu'il doit se produire des changements considérables à la surface du globe.

L'auteur avait déjà achevé une grande partie de son ouvrage, lorsque la lecture d'un passage de M. Lyell, vint l'arrêter et lui faire suspendre momentanément son travail : « M. Herschel fait remarquer dit M. Lyell, que la présence du soleil pendant huit jours de plus dans l'hémisphère boréal ne produit pas un excès annuel de lumière et de chaleur; car, selon les lois du mouvement elliptique, il est démontré, que, quelle que soit l'ellipticité de l'orbite de la terre, les deux hémisphères doivent recevoir des quantités égales et absolues de chaleur par an, la proximité du soleil en périgée, compensant exactement l'effet de son mouvement plus rapide. » [2]

Après de nouvelles recherches et un mûr examen de cette question, M. Adhémar ne tarda pas à se convaincre que tout en acceptant le théorème d'Herschel, il était à même de prouver que l'illustre astronome se trompait dans l'application qu'il en faisait.

Suivant le savant anglais, *la quantité de chaleur que la terre reçoit du soleil, pendant qu'elle parcourt une partie quelconque de son orbite, est proportionnelle à l'angle décrit autour du soleil.*

[1] M. Adhémar écrivait ceci en 1843.

[2] Principes de Géol., t. 1, 5e édit., p. 178.

Mais de ce que la terre reçoit la même quantité de chaleur pendant les diverses périodes de l'année, il ne s'ensuit pas que cette chaleur *se distribue également dans les deux hémisphères.* La température d'un lieu ne dépend pas de la quantité de chaleur *reçue*, mais de la quantité *conservée*, ou, si l'on veut, de la différence qui existe entre la chaleur reçue et celle qui est perdue dans un temps donné.

M. Adhémar s'appuie ici sur un nom bien puissant. D'après M. de Humboldt, il doit y avoir une plus grande perte de chaleur par l'effet de l'irradiation ou rayonnement dans l'hémisphère austral, pendant un hiver dont la durée est plus longue de huit jours qu'un hiver de l'autre côté de l'équateur. [1] On ne contestera pas croyons nous, l'évidence de cette vérité, présentée par l'illustre savant, et nous allons examiner ses conséquences.

De l'inégalité des saisons dont nous avons parlé plus haut, il résulte, que pour le pôle boréal, l'année se compose de 186 × 24 = 4464 heures de jour et 179 × 24 = 4296 heures de nuit, tandis qu'au pôle austral il y a 4464 heures de nuit et seulement 4296 heures de jour.

Le pôle austral doit donc perdre dans une année, une quantité de chaleur plus grande que celle qu'il reçoit, puisque la durée de ses nuits surpasse celle des jours de 168 heures, tandis que le contraire a lieu pour le pôle boréal, et la conséquence évidente de ce fait, est qu'il doit se former plus de glaces pendant une année à ce pôle qu'au pôle nord. Cette différence continuée pendant plusieurs milliers d'années doit inévitablement devenir considérable.

« Supposons par exemple, dit M. Adhémar, qu'au bout de deux ou trois cents années, les masses de glaces soient représentées par A, la plus grande, et par B, la plus petite, aucune ne touchant le fonds. (Nous regrettons de ne pouvoir ici reproduire les figures de l'ouvrage). Il n'y aura rien de changé dans l'équilibre des mers, parce que la glace ayant une pesanteur spécifique plus petite que celle de l'eau, les deux masses A et B seront

[1] Lignes isothermes.

flottantes, et leur poids sera égal à celui du volume déplacé par les parties plongées dans l'eau. Mais après 2 ou 3,000 ans, la masse A ayant augmenté suivant une progression beaucoup plus rapide, non seulement par l'excès de longueur de l'hiver correspondant, mais encore par suite du refroidissement causé dans l'atmosphère par le rayonnement de cette immense accumulation des glaces, il viendra un moment où la surface inférieure du glaçon touchera la terre et l'augmentation ne pouvant plus avoir lieu de ce côté, le centre de gravité s'élèvera en s'éloignant du centre de figure. Or, les glaces de l'hémisphère boréal étant beaucoup moins considérables que celles du pôle austral, le centre de gravité du globe et des deux masses A et B, se portera nécessairement sur le rayon qui aboutit au pôle A, en entraînant avec lui les eaux répandues sur la surface de la terre, et découvrant une grande partie des continents de l'hémisphère boréal.

« Ce déplacement du centre de gravité explique suffisamment la présence de la presque totalité des mers dans l'hémisphère austral. Nous allons continuer à suivre les conséquences du principe que je viens d'exposer, et nous verrons avec quelle exactitude il donne l'explication des grands phénomènes qui ont bouleversé la surface de la terre.

« L'inégalité de longueur qui existe entre l'hiver de l'hémisphère austral et le nôtre provient, comme on le sait, de la forme elliptique de l'orbite parcourue par notre planète. Il résulte de la position actuelle de l'axe de la terre par rapport au plan de cette orbite, que notre automne et notre hiver ont lieu pendant que la terre parcourt l'arc qui correspond au périhélie. Mais par l'effet de la précession des équinoxes, combinée avec le déplacement de l'orbite terrestre, le contraire doit avoir lieu dans 10,500 ans d'ici, c'est-à-dire, qu'à cette époque, l'automne et l'hiver de l'hémisphère austral seront au contraire de sept jours plus courts que les nôtres. Or, il est évident qu'alors, tous les phénomènes que nous venons d'exposer, auront dû se reproduire dans un ordre inverse.

« Ainsi, depuis l'année 1248, notre hémisphère commence à se refroidir, tandis que l'hémisphère austral se rechauffe; et lorsque les glaces du pôle boréal surpasseront celles du pôle austral, le centre de gravité du système traversera le plan de l'équateur, la masse des eaux sera entraînée d'un hémisphère à l'autre, et les continents voisins du pôle antarctique seront abandonnés par la mer, tandis que ceux que nous habitons seront submergés.

« Bertrand de Hambourg, dans un ouvrage imprimé en 1799 et qui a pour titre, *Renouvellement périodique des continents*, avait déjà émis cette idée, que la masse des eaux pouvait être alternativement entraînée d'un hémisphère à l'autre par le déplacement du centre de gravité du globe. Or, pour expliquer ce déplacement, il supposait que la terre était creuse et qu'il y avait dans son intérieur un gros noyau d'aimant auquel les comètes, par leur attraction, communiquaient un mouvement de va-et-vient analogue à celui du pendule. Cette hypothèse, qui n'était appuyée sur aucun fait, a dû être rejetée.

« Celle que je propose, au contraire, dépend d'une des lois les mieux établies du système du monde ; les effets de cette loi doivent être précisément ceux que j'ai indiqués, et le doute ne peut avoir lieu que sur la détermination des limites entre lesquelles les phénomènes doivent nécessairement se produire. On pourra discuter sur l'intensité plus ou moins grande des résultats, mais à moins de renverser les lois de l'équilibre, on ne peut nier l'existence du principe et refuser d'en admettre les conséquences. Je vais tâcher, au surplus, d'appuyer sur des chiffres la preuve des faits que je viens d'énoncer. »

Ici nous ne pouvons, restreints par notre cadre, suivre l'auteur dans tous les développements qu'il donne à sa belle théorie. Nous sommes, bien à regret, obligés de ne donner que la substance des faits principaux.

M. Adhémar établit le peu d'étendue et de profondeur des mers boréales comparées à celles des vastes océans de l'hémisphère austral. Il détermine, par les documents les plus authentiques, la dimension des coupoles de glaces de deux pôles, et il trouve, pour la calotte de glace australe actuelle, un diamètre moyen de 1,000 lieues, tandis que celui de la calotte boréale ne dépasse guère une moyenne de 500 lieues[1]. Il fait connaître, par les journaux de bord des navigateurs, qu'au 70° degré de latitude nord, c'est-à-dire vers le pôle le plus chaud, il ne dégèle que pendant six semaines de l'année, ce qui peut donner une idée du froid des régions polaires australes, où la chûte de la neige est, en quelque sorte, permanente pendant une période qui doit durer plusieurs milliers d'années et où il ne dégèle jamais.

Il établit enfin, par ses calculs, l'épaisseur de la calotte australe qu'il évalue à 20 lieues en moyenne, épaisseur suffisante, dit-il, pour maintenir la presque totalité des mers, à près d'une lieue de hauteur au-dessus des continents de l'hémisphère austral : mais laissons le parler lui-même.

« Cette épaisseur de 20 lieues paraîtra sans doute considérable, mais en y réfléchissant, on ne trouvera point ce fait extraordinaire. On conçoit, en effet, qu'habitués à considérer comme gigantesques les montagnes de nos continents, lorsqu'elles ont 2,000 toises de hauteur, nous hésitions à regarder comme possible une élévation 20 fois aussi grande.

« Je rappellerai d'abord, qu'il ne s'agit pas ici d'une montagne, mais d'un immense continent de glace. Or, la zône sphérique qui forme la base de ce continent, commençant a 20 degrés du pôle, cela fait 20 × 25 = 500 lieues de rayon. Et si l'on fait abstraction de la courbure, on aura, pour base de la calotte glacée, un cercle dont la surface serait de 785,000 lieues carrées. On conviendra qu'une épaisseur de 20 lieues est bien peu de chose pour une glacière de cette dimension. On remarquera, de plus, que ces 20 lieues ne sont pas la 71.me partie du rayon

[1] En prenant le chiffre de 1,000 lieues de diamètre et 20 lieues d'épaisseur pour la calotte de glace australe, et en évaluant, pour le treizième siècle, le diamètre de la glacière du nord à 500 lieues ; si on admet des proportions relatives, on trouve, pour la calotte australe, un volume de 15,707,963 lieues cubes, et pour la calotte boréale, 1,993,495 lieues cubes, ou un huitième seulement de la précédente.

terrestre, d'où il résulte que cette protubérance si monstrueuse serait à peine sensible sur un globe qui aurait un ou deux décimètres de rayon. »

Au reste, l'épaisseur moyenne de 20 lieues est regardée, par l'auteur lui-même, comme probablement exagérée, et nous nous réservons de démontrer, par les faits géologiques, qu'elle l'est en effet. Ce dissentiment, si c'en est un, n'infirme en rien les conséquences de la théorie qui nous occupe; il ne peut que modifier le degré d'intensité de ses effets.

Quoiqu'il en soit, il résulte de ces faits, que l'aplatissement de la terre, vers ses pôles, ne peut s'entendre que de sa partie solide et abstraction faite des deux coupoles glacées. Cet applatissement, évalué à 9 ½ lieues, est insuffisant pour compenser l'augmentation de volume du globe vers ses pôles, d'abord par l'effet de l'accumulation des eaux dans la zône glaciale méridionale, et ensuite par les deux coupoles, qui pourraient présenter ensemble, vers leur centre, suivant M. Adhémar, une saillie totale et approximative de 50 à 60 lieues. Cette saillie, quelle qu'elle soit, et dont le relief doit être considérable par le peu de densité que doivent offrir les couches supérieures des neiges, donne, nécessairement, au diamètre de la terre d'un pôle à l'autre, une étendue plus considérable qu'un diamètre à l'équateur. Cette différence qu'il ne peut être donné à l'homme de constater sur la terre même, pourrait, suivant une idée ingénieuse qu'émet M. Adhémar, être mesurée pendant certaines éclipses de lune, sur laquelle la terre projette alors son ombre. L'auteur, en produisant cette idée, semble ignorer que cette observation a déjà été faite. On lit dans Childrey[1], à propos des éclipses centrales de lune qui se font près de l'équateur, le passage suivant, extrait des ouvrages du célèbre Kepler.

« Il faut remarquer que cette éclipse de lune (26 sept. 1624), pareille à celle que Tycho observa en l'année 1588, c'est-à-dire

[1] Histoire naturelle d'Angleterre, pp. 246, 247.

totale et quasi centrale, me trompa fort dans ma supputation, car non seulement la durée de son obscurité totale fut fort courte, mais le reste de la durée, de devant et d'après l'obscurité totale, le fut encore davantage, comme si la terre était elliptique, et quelle eut un diamètre plus court sous l'équateur que d'un pôle à l'autre. »

Il serait bien à désirer qu'un fait de cette importance fut vérifié avec soin dans l'avenir. Qu'on nous pardonne cette digression; nous allons examiner la suite de l'hypothèse de M. Adhémar.

L'auteur, après avoir prouvé l'accroissement graduel des glaciers des Alpes depuis le 13me siècle, et avoir démontré qu'il existe dans ces montagnes, à une latitude de 46° et dans *notre hémisphère*, un lieu où il pourrait se former, en 10,500 années, une couche de glace ayant plus de 11 lieues d'épaisseur, continue ainsi:

« Je n'ai donné ces exemples que pour faire concevoir avec quelle rapidité se forment les glaces. Ensuite, les faits que je viens de citer, loin de diminuer la force de mon hypothèse, contribuent au contraire à la confirmer. En effet, il résulte de la précession des équinoxes, que le moment où nos hivers ont été les plus courts, coïncidait à l'année 1248, que depuis cette époque nos hivers ont dû augmenter, et que, par conséquent, il y a 594 ans que notre hémisphère commence à se refroidir, et si on jette un coup-d'œil sur les pages qui précèdent, on verra que j'ai souligné avec intention les passages qui prouvent que cette augmentation des glaces dans nos contrées ne date que de quelques siècles.

« Or, si, en 594 années, les glaces ont pris un accroissement si rapide dans les contrées que nous habitons, on peut facilement se faire une idée de l'énorme accumulation de glaces qui doit résulter d'un froid de 70 à 80 degrés, agissant, pendant 10,500 années consécutives, sur une surface de 785,000 lieues carrées. Si l'on pense que cette immense glacière doit elle-même contribuer à refroidir l'atmosphère dans laquelle aucune vapeur ne peut plus arriver sans être immédiatement transformée en une pluie de givre ou de neige, ce n'est plus par une progression arithmétique que l'on pourra exprimer la loi d'accroissement des glaces polaires, mais par une progression géométrique rapidement croissante. »

Ici l'auteur examine, au moyen des documents historiques existants, la question du changement de température dans notre climat. Il aborde franchement les objections de M. Arago, insérées dans l'*Annuaire de* 1834, les discute et les combat victorieusement. Il établit que jusqu'à l'an 1248 la chaleur des contrées que nous habitons a dû augmenter graduellement et atteindre alors son maximum ; qu'à partir de cette époque, elle commence à diminuer. Notre température pendant le septième siècle de notre ère a donc dû être la même qu'au dix-neuvième, tandis qu'à l'époque romaine elle était plus froide qu'aujourd'hui. Nous voyons en effet, que sous les Romains la vigne n'était pas cultivée en France ; et que dans le seizième siècle il existait dans le Vivarais, un très grand nombre de rentes foncières payables *en vin au 8 octobre*, (prises dans les tonneaux.) Au seizième siècle, la vendange devait donc être finie, en Vivarais, dans les derniers jours de septembre. Aujourd'hui c'est du 8 au 20 octobre qu'on la fait. L'auteur cite d'autres faits intéressants que nous regrettons de ne pouvoir reproduire.

Au sujet des fameux raisins de la terre promise, dont parle M. Arago, M. Adhémar démontre que la température de la Palestine, ne différait, à l'époque biblique, de celle actuelle, que de un degré cinq centièmes. Cette différence n'était donc pas suffisante pour empêcher certaines espèces de raisins de se développer d'une manière luxuriante dans certaines expositions locales favorables.

Mais reprenons l'exposé de la théorie des déluges, et laissons de nouveau parler l'auteur, dont la plume élégante est toujours claire et précise.

« Si je suis parvenu à démontrer que les irruptions successives de la mer ont pu être produites par la précession des équinoxes, on sera naturellement forcé d'en conclure, qu'il doit y avoir un déluge tous les 10,500 ans. Les époques auxquelles doivent avoir lieu ces catastrophes, sont plus difficiles à déterminer d'une manière précise. On pourrait cependant rechercher si la dernière irruption peut s'accorder avec la date que l'on attribue communément au déluge de Noë.

« Nous remarquerons d'abord, que le mouvement subit des eaux doit coïncider avec l'époque du passage du centre de gravité d'un hémisphère à l'autre, et non avec le moment où le centre de gravité aurait atteint sa plus grande distance du centre de la terre. Mais, le passage du centre de gravité d'un hémisphère à l'autre, doit être déterminé par la fonte des glaces de l'un des deux hémisphères, avant le moment où la masse de celles qui sont dans l'hémisphère opposé aurait acquis le *maximum* de son volume.

« Chez nous, les époques des débâcles ne coïncident pas avec le moment des plus grandes chaleurs de l'année ; de même aussi, il n'y a pas de raison pour que la débâcle d'un pôle coïncide avec le moment de la plus grande chaleur de l'hémisphère correspondant. Or, il y a 11,094 ans, la somme des heures de nuit de notre hémisphère avait atteint son maximum et commençait à diminuer ; mais suivant les traditions, le déluge a eu lieu il y a 4,000 ans, par conséquent il y avait déjà 7,094 ans que notre hémisphère avait commencé à se réchauffer. Ces 7,094 années paraîtront sans doute suffisantes pour expliquer l'amollissement des glaces et déterminer la débâcle du pôle boréal.

« Si l'on consent à reconnaître dans la précession, la cause du dernier déluge, il faudra rapporter à la même origine tous les déluges précédents, et par conséquent fixer à 10,500 années l'intervalle de temps qui doit s'écouler entre deux irruptions consécutives. Or, le dernier déluge ayant eu lieu il y a 4,000 ans, nous devons en conclure que la prochaine irruption, qui doit avoir lieu du midi au nord, s'effectuera dans 6,500 ans.

« La formation des produits géologiques est une conséquence naturelle des différentes phases parcourues par l'accroissement et la diminution alternatives des glaces polaires. En effet, si nous suivons l'ordre des phénomènes qui ont dû avoir lieu pendant le laps de temps écoulé entre les deux derniers déluges, nous pouvons distinguer trois époques, savoir :

« Première Époque. 11,094 ans avant le temps où nous vivons, la somme des nuits du pôle boréal surpassait de 8 fois 24 ou 192 heures la somme des nuits du pôle austral. Notre hémisphère était couvert d'une calotte de glace qui s'étendait probablement bien au-delà du 70.e degré en partant du pôle. Le centre de gravité étant sur le rayon qui aboutit au pôle boréal, la presque totalité des mers couvrait notre hémisphère et nos continents étaient submergés. Les continents de l'hémisphère austral étaient à sec, et probablement habités par la race humaine qui fut engloutie par le dernier déluge. Pendant plusieurs milliers d'années avant et après l'époque où la glacière du pôle boréal atteignait son maximum, le mouvement des eaux a dû être insensible, et, c'est probablement pendant cette période de tranquillité que se sont formées les couches de sédiments produites pendant le dernier séjour de la mer au-dessus de nos continents.

« Deuxième Époque. A partir du moment où la somme des heures de nuit de notre hémisphère a diminué, ce qui a produit une diminution de froid, les limites de la glacière boréale se sont resserrées, tandis qu'au contraire celles de la calotte australe ont pris de l'extension. Par suite de ce double effet, le centre de gravité s'est rapproché du centre de la terre, et la sphère fluide a dû commencer à prendre un mouvement de translation plus rapide. Le mouvement s'est probablement manifesté d'abord par des courants sous-marins dirigés du nord au sud, et c'est peut-être à quelques-uns de ces courants qu'il faut attribuer une partie des sables et des cailloux roulés qui couvrent un grand nombre de points de notre hémisphère.

« Troisième Époque. Lorsque l'augmentation de chaleur eut suffisamment amolli les glaces du pôle boréal, la débâcle eut lieu; le centre de gravité se déplaçant brusquement, l'équilibre des mers a été rompu, et la masse des eaux passant avec violence au-dessus des continents, a produit le déluge. C'est à ce moment qu'il faudra sans doute rapporter les grands bouleversements de quelques parties de la surface du globe et le transport des blocs erratiques entraînés par les fragments de la grande glacière du nord. »

Après ces remarquables conclusions de l'auteur, il nous reste à examiner rapidement comment il explique la présence de dépôts tertiaires sur certaines contrées de la zône tropicale, mais ici, les planches qui accompagnent l'ouvrage sont tout-à-fait indispensables. Essayons pourtant.

L'objection qui doit se présenter après ce qui précède, est qu'il y aurait peu de variations dans le niveau des mers équatoriales, qui dans tous les temps, devraient avoir à peu près la même profondeur. Cette objection serait sérieuse, dit M. Adhémar, si la masse fluide qui enveloppe la terre était d'une forme constante et absolument semblable à celle du globe qui en forme en quelque sorte le noyau; mais l'auteur n'a admis d'abord cette hypothèse que pour faire mieux comprendre l'explication du principe. Il a pensé qu'une fois ce but atteint, il serait facile de reprendre la question avec de nouvelles données, afin d'arriver à des résultats plus rigoureux.

Nous ne suivrons pas l'auteur dans ses démonstrations des variations lentes et d'une importance secondaire du niveau des mers de la zône torride durant chaque période. Selon lui le moment de la plus grande hauteur des eaux au-dessus des régions équatoriales doit avoir lieu après la rupture de la grande glacière. Il pose ce théorème de statique, que *si plusieurs forces se font équilibre autour d'un point, l'une quelconque de ces forces, est toujours égale et directement opposée à la résultante de toutes les autres;* et il en développe les conséquences suivantes: que les eaux les plus rapprochées du pôle, rencontrant un obstacle dans la moindre vitesse des eaux équatoriales, il en résulte, dans la masse fluide, un *gonflement considérable*, jusqu'au moment où toutes les parties, mises en mouvement par la grande débâcle, auront repris leur état d'équilibre, et ne seront plus soumises qu'à l'action lente et insensible provenant de l'augmentation des glaces du pôle opposé. Peut-être ajoute l'auteur, ce renflement des eaux de l'équateur s'accorde-t-il avec les quarante jours et quarante nuits, pendant lesquels a duré le déluge.

Nous venons d'exposer d'une manière bien tronquée et bien imparfaite la théorie de M. Adhémar. Avant de fermer ce livre si remarquable où l'on doit admirer à la fois la haute science et la modestie de l'auteur, nous ne pouvons nous défendre de citer textuellement ces derniers passages qui formeront une sorte d'introduction à nos recherches personnelles.

« En parcourant les contrées septentrionales de l'Europe, on reconnaît partout les traces d'une immense catastrophe à laquelle les savants ont donné le nom de *Diluvium du Nord*. Les témoins irrécusables de ce grand phénomène, sont les masses énormes de débris arrachés aux montagnes de la Suède et de la Finlande, et couvrant une étendue considérable de l'Allemagne, de la Pologne et de la Russie.

« Les mêmes phénomènes se sont produits dans l'Amérique septentrionale où le sol est jonché de fragments de rochers provenant des régions polaires. Enfin, les plaines de la Lombardie sont couvertes d'un nombre immense de blocs de toutes grandeurs, qui doivent évidemment leur origine aux montagnes de la Suisse. Les terrains et les blocs transportés ainsi à une grande distance de leur position primitive, ont reçu le nom de *terrains ou blocs erratiques*.

« Ces dépôts recouvrant des contrées immenses, ont quelquefois 60 mètres d'épaisseur; les uns ont la forme de collines allongées dans la direction du *nord au sud;* les autres forment de vastes plaines d'une horizontalité presque parfaite. Enfin, les fragments de rochers erratiques se trouvent disséminés à la surface et dans l'épaisseur de ces couches où ils se sont enfoncés à toutes les profondeurs. Quelquefois ils sont plus ou moins inclinés et même verticaux, comme s'ils étaient tombés tout d'un coup et qu'ils se fussent enfoncés dans l'argile. La nature de ces débris indique, d'une manière incontestable, les points d'où ils ont été arrachés : leur nombre immense et leur grandeur prouve que la force qui les a transportés devait avoir une grande énergie.

» La route parcourue est indiquée par la ligne qui joint la position actuelle des blocs avec la place qu'ils occupaient dans l'origine. Or, les débris qui couvrent la Lombardie venant des Alpes, et ceux du nord de l'Allemagne étant de même nature que les rochers de la Suède, il est évident que la direction principale du courant était du nord au sud. Ce fait important pour notre théorie, est surtout confirmé par les observations des savants qui ont parcouru les contrées sur lesquelles a passé le *Diluvium*. Ils ont trouvé partout la surface des rochers usée, polie et profondément rayée par un nombre immense de stries et de sillons, ayant presque tous une direction commune. Les obstacles opposés par la masse des montagnes ou le retrécissement des vallées, ont pu détourner quelques courants secondaires, mais la direction moyenne de tous les sillons se rapproche de la ligne N. N. E. et S. S. E.

« Les sillons, les stries et les longues traînées de sables et de cailloux roulés ont été observés en Finlande, en Suède, en Norwège, dans les Iles Britanniques, dans presque toute la partie de l'Amérique du Nord située entre Terre-Neuve et le cours supérieur du Mississipi, dans toute la chaîne des Alpes, et M. Durocher en a signalé récemment dans la forêt de Fontainebleau et dans la chaîne des Pyrénées.(Comptes rendus, 17 janvier 1,842, page 104).

« En Finlande, les monticules granitiques sont presque tous arrondis comme un dôme elliptique, dont le grand axe serait parallèle à la direction moyenne des sillons : leur surface ne présente d'autres inégalités que les cannelures diluviennes. Cette forme arrondie et cannelée ne s'observe que sur les monticules au-dessus desquels a passé le torrent. Mais sur les montagnes plus élevées, le côté opposé au S. S. E. n'offre pas de trace de cannelure, *ce qui prouve jusqu'à l'évidence que la force venait du nord.* Cette force devait avoir une puissance énorme pour arrondir et polir les rochers de la Finlande, après avoir abattu leurs arêtes : son énergie est encore démontrée par la direction presque horizontale des stries et des sillons qui couvrent les faces latérales des rochers. Enfin ces sillons ont quelquefois un ou deux pieds de profondeur et sont eux-mêmes cannelés par une infinité de stries ou rayures qui leur sont parallèles.

« On conclura sans doute de ce qui précède : 1° qu'une énorme masse fluide a parcouru nos continents en se dirigeant *du nord au sud;* 2° que cette masse avait son point de départ dans le voisinage des *régions polaires*, puisqu'elle a passé au-dessus des parties les plus septentrionales de la Suède et de l'Amérique ; 3° qu'elle était chargée de matériaux assez durs ou assez tranchants pour polir, user ou creuser les rochers qu'elle a rencontrés sur son passage. »

PREUVES A L'APPUI DE LA THÉORIE DE M. ADHÉMAR.

Ce qui frappe surtout l'esprit dans l'étude des lois générales de la nature, c'est leur régularité. Aussi Herschel considère-t-il les révolutions géologiques, « plutôt comme les effets nécessaires et réguliers de causes tout à la fois générales et grandes que comme le résultat d'une suite de convulsions et de catastrophes qu'aucune loi ne règle, et qui ne peut être rapporté à aucun principe fixe »[1] La théorie qui donne pour cause aux grands déluges, les tremblements de terre, ou des soulèvements variant sans cesse d'importance, de durée, de lieux, ne peut plus satisfaire les esprits : on pourrait l'appeler la théorie du hasard, et elle nous semble peu en harmonie avec l'idée que nous nous faisons de la sagesse et de la grandeur du créateur de toutes choses. Les géologues mêmes, qui attribuent les cataclysmes de la terre à des causes fortuites, se trouvent en quelque sorte amenés, à leur insu, à reconnaître, implicitement, un certain ordre dans ces grands phénomènes.

« L'histoire de la terre, dit M. Élie de Beaumont, l'auteur de la théorie des soulèvements, présente, d'une part, de longues périodes de repos comparatif, pendant lesquelles le dépôt de la

[1] Lyell, Principes, t. I, p. 349.

matière sédimentaire s'est opéré d'une manière aussi régulière que continue; et, de l'autre, de périodes de très courte durée, pendant lesquelles ont eu lieu de violents paroxismes, qui ont interrompu la continuité de cette action. . . . .
. . . .

« Chacune de ces *révolutions*, ou comme on les appelle quelquefois, de *ces effroyables convulsions*, a toujours coïncidé avec un autre phénomène géologique, savoir : *le passage d'une formation sédimentaire à une autre*, caractérisée par une différence considérable dans ses types organiques.

« Outre que ces mouvements violents de paroxysme ont eu lieu depuis les époques géologiques les plus anciennes, ils peuvent encore se reproduire à l'avenir. . . . .
. . . .

« Enfin, les révolutions successives dont nous venons de parler, ne peuvent être rapportées à des forces volcaniques ordinaires, mais il est probable qu'elles sont dues au refroidissement séculaire de notre planète. »[1]

La raison a peine à concevoir que le refroidissement général de notre planète, qui a lieu d'une manière lente et graduée, puisse produire de longues périodes de repos suivies chaque fois de secousses brusques et terribles de l'écorce de la terre. On comprend infiniment mieux, qu'une cause lente et régulière, produite dans cette écorce des mouvements fréquents, une série de mouvements successifs d'une intensité variable, mais bien inférieure à celle que lui accorde l'hypothèse du soulèvement brusque, et *tout d'une pièce*, des grandes chaînes.

Prenons pour exemple, afin d'appuyer notre opinion, les observations faites sur les flancs des Alpes, et dont nous avons parlé précédemment.

On y a reconnu trois niveaux des eaux marines, à 4,800, 7,500 et 9,000 pieds anglais, au-dessus du niveau des mers actuelles.

[1] Annales des Sciences Naturelles. 1829.

Si nous admettons pour un instant que les Alpes ont pu, aux premières époques tertiaires, n'avoir qu'une élévation approximative de 1,000 mètres, la mer, pendant une période d'immersion de notre hémisphère, a dû laisser des traces de ses rivages sur leurs flancs et marquer le niveau actuellement le plus élevé, observé à 9,000 pieds. Pendant la période suivante d'émergement, si les Alpes se sont graduellement soulevées de 1,500 pieds de plus, au retour des mers, les eaux ont dû tracer le second niveau observé à 7,500 pieds; on comprend que ce groupe de montagnes ayant enfin atteint, par une succession de surélévations, son altitude actuelle, le troisième niveau ou le plus bas a dû se produire à son tour, pour se trouver aujourd'hui à 4,800 pieds au-dessus des *basses mers* de l'hémisphère boréal émergé. Nous avons voulu montrer ici que les trois niveaux reconnus par M. Sharpe ne prouvent point qu'il n'y aurait eu que trois surélévations des Alpes depuis leur origine, car celles qui ont pu se produire pendant les périodes d'émergement, n'ont laissé aucune trace.

Suivant M. d'Orbigny, chacun de ses étages représente une époque bien caractérisée, renfermant une faune et une flore particulière et portant à sa base les traces d'un cataclysme: « chaque époque, dit-il, a dû commencer par des dépôts formés, même pendant l'agitation des eaux, des parties les plus pesantes des matériaux sédimentaires qui existaient dans les bassins nouvellement formés. . . . Non seulement le mouvement des eaux a déposé les débris voisins pris aux roches sous-jacentes, mais encore il en a apporté de loin pendant ce mouvement général. »[1] C'est donc toujours une sorte de renouvellement périodique d'un phénomène présentant chaque fois les mêmes caractères, et ce qui est plus remarquable encore, la même intensité et la même étendue comme nous espérons le démontrer.

Avant d'exposer ici les preuves matérielles de cette intensité à peine compréhensible, qu'on nous permette une supposition.

[1] Pal. et Géol. str., t. 2, II, p. 785.

Que pourrait-il résulter de l'apparition *soudaine* d'une grande chaîne de montagnes dans l'océan atlantique, formant, par son émergement, une terre nouvelle grande comme l'Angleterre et l'Écosse réunies? Il en résulterait évidemment un déplacement instantané d'une minime partie d'eau de l'océan, qui pourrait néanmoins envahir certaines contrées basses des continents Européen et Américain, y produire de grands ravages, puis se retirer dans son lit, n'ayant gagné sur les terres que quelques anses d'un niveau très bas et de peu d'étendue. En effet, la partie d'eau équivalente à la nouvelle terre émergée se répartirait à la fois sur l'immense surface du globe. Qu'on jette les yeux sur un planisphère terrestre, et qu'on juge si un tel phénomène que nous supposons intense, *subit* et *dans le lit de la mer*, pourrait produire dans le sein des couches terrestres et loin des rivages les effets que les études géognostiques y ont constatés.

Citons ici, à l'appui de cette démonstration, le passage suivant d'un savant distingué, M. Pictet, de Genève.

« On peut admettre deux opinions sur la succession des événements qui ont modifié la surface du globe. Quelques savants pensent que les époques géologiques ont été formées par de longues périodes de tranquillité, terminées plus ou moins brusquement par des cataclysmes, dont la cause a probablement été un soulèvement partiel du sol, et le résultat, un changement dans la limite des continents et des mers; d'autres au contraire, adoptant la théorie séduisante de Lyell, croient que tous ces faits se sont passés lentement, sans secousses et par degrés. Mais quelque parti que l'on prenne dans ces débats, l'on admet je crois, généralement, que la grande irruption des eaux, qui est venue clore la série des changements géologiques importants, cette irruption qui a déposé en couches horizontales les graviers et les terrains meubles sur toute l'Europe, a été amenée *par des causes toutes spéciales*. Depuis le temps où remontent les traditions humaines, on doit reconnaître que la forme des mers et leurs limites ont bien peu varié, et il faudrait attendre bien des milliers d'années, pour que les petits soulèvements insensibles de quelques rivages, ou que les dépôts amenés par les fleuves, en pussent changer sensiblement la configuration. Il est donc impossible d'attribuer à ces causes restreintes, des événements aussi importants que ceux qui ont eu lieu, lorsque les eaux diluviennes ont couvert une grande partie de l'Europe[1]. »

Voyons maintenant quelques descriptions des terribles effets produits par les grands déluges de la terre, ainsi que l'impuissance avouée où se trouvent les géologues pour les expliquer.

M. Beudant, en parlant du soulèvement des Alpes principales qui aurait, selon lui, produit un grand cataclysme, s'exprime ainsi :

« Les effets produits par cette grande catastrophe, nous montrent, qu'en Europe, *d'énormes courants d'eau* ont dû s'établir alors dans toutes les directions et *sillonner tous les dépôts qui se trouvaient émergés.* Mais la masse des eaux fournies par les lacs de l'époque précédente, dont les digues ont sans doute été rompues dans le bouleversement, *n'est pas en rapport avec l'étendue des résultats accomplis*, et il faut que la quantité ait été prodigieusement accrue *par quelques circonstances inconnues jusqu'ici*, qu'on peut attribuer peut être à la fonte subite d'immenses dépôts de neiges accumulés antérieurement sur les Alpes occidentales, ou a des pluies torrentielles longtemps continuées, ou enfin à *de grandes oscillations des mers.* Quoiqu'il en soit, les courants qui se formèrent alors, en *sillonnant la surface des terres, en ont transporté les débris de toute part.* De là les immenses alluvions de la vallée du Rhône, de la Crau, des plaines de la Lombardie, de celles de la Bavière, de la vallée du Rhin, etc. De là aussi l'existence de *plusieurs de nos grandes vallées*, la configuration dernière des autres ainsi que *les érosions et les dénudations que nous apercevons en tant de lieux différents* [2]. »

[1] Traité de Paléont., Pictet, Génève, 1844, t. 1, pp. 19 et 20.

[2] Géol., p. 328.

M. Hébert cite, dans le bassin de Paris, des érosions puissantes qui ont raviné le sol *jusqu'à une profondeur de 100 mètres, enlevé la plus grande partie du calcaire pisolitique, et fortement entamé la craie sous-jacente*[1]. »

M. A. d'Orbigny fait un tableau plus saisissant encore des ravages prodigieux produits par les eaux.

« Il est impossible de parcourir un point quelconque de la France sans apercevoir des traces évidentes de ces mouvements superficiels des eaux, *qui ne peuvent en aucune manière, s'expliquer par les causes actuelles.* Parcourons-nous les plaines de Chartres, de la Champagne, et même du Poitou, nous y voyons, à la surface du sol, des silex enlevés à la craie, provenant de dénudations profondes. Les environs de Paris, au bois de Boulogne, au Point du Jour, à Neuilly, montrent des alluvions anciennes proportionnées aux dénudations opérées sur ce point, sans doute par plusieurs perturbations géologiques successives d'une grande puissance; car on y trouve réunis des débris de roches plutoniques, telles que des roches granitiques et porphyritiques apportées des Vosges ou du plateau central de la France, mélangés à des restes de roches stratifiées, dépendantes de l'étage crétacé sénonien, et de tous les étages tertiaires du même bassin. Il n'est donc pas douteux que le mouvement des eaux qui a produit ces alluvions considérables ne s'étendit des Vosges ou du plateau central de la France jusqu'à Paris, et qu'il n'eut assez de force pour transporter, de distances aussi considérables, des fragments de roches assez pesants.

« Voulons-nous avoir une idée du transport qui s'est opéré durant les dernières commotions géologiques, et de la force avec laquelle les eaux agissaient sur les roches consolidées? Nous en aurons une preuve sans nous éloigner de Paris. Que sont devenues, en effet, ces couches qui unissaient entr'eux, autour de Paris, le Mont-Javoult, le Mont-Meillan, Montmorency, Mont-

[1] Recherches sur la faune des premiers sédiments tert. paris. p. 6.

martre, le Mont-Valérien et qui devaient former un grand tout avec Clamart et Sèvres? Ici les eaux ont enlevé la plus grande surface des couches, et ont formé, des lambeaux restants, de véritables montagnes de dénudation. Il n'y a eu cependant que trois commotions géologiques postérieures à l'étage tongrien, qui couronne ces sommités. Nous avons fait remarquer, qu'en Touraine, il restait à peine un centième de la surface des dépôts marins de l'époque falunienne, les autres parties ayant été enlevées seulement par deux perturbations géologiques. On doit donc voir, dans ces vastes dénudations de couches, des moyens de transport, d'une *force extraordinaire, bien au-dessus de tout ce que peut donner la nature actuelle*, et qui résultent évidemment des perturbations géologiques, comme nous les admettons.

« Les dénudations que nous signalons, et qui sont pour ainsi dire sous nos yeux, existent partout dans la nature. On les trouve tout autour du bassin anglo-parisien, dans l'élargissement de toutes les vallées, dans le morcellement en lambeaux des dépôts marins tertiaires qui dépendaient d'une mer unique et devaient couvrir de vastes surfaces. On en reconnaît les effets dans le drift qui couvre le sol américain et dans tous les matériaux sédimentaires meubles, charriés partout à la surface du globe. En un mot, les dénudations, les transports de sédiments superficiels, sont généraux sur la terre, et aussi certains que les mouvements des eaux qui ont pu les produire. . . »[1]

Il nous semble que voilà des faits qui parlent d'eux-mêmes avec assez d'éloquence, pour qu'il soit superflu de les commenter.

[1] Pal. et Géol. str., t. 2, II, pp. 835, 836.

M. d'Orbigny qui était partisan du système des oscillations du sol, parle de débris *provenant des Vosges*. Admettons que le fait a été bien observé. Le courant N. E. des mers qui s'engouffrait dans un golfe se prolongeant de Hanovre à Mayence, devait là se partager en deux branches, dont l'une continuait la vallée du Rhin, et l'autre balayait le flanc nord des Vosges pour aller se jeter dans le bassin de Paris par une dépression relative du sol comprise entre les Vosges et les Ardennes.

Le lecteur jugera si des soulèvements *brusques* dont nous avons examiné la petitesse relative, et dont les effets bornés seraient *sans durée*, pourraient produire, sur tout le globe, ces formidables excavations et ces transports qui épouvantent l'esprit. Nous le disons avec conviction, la théorie qui nous occupe peut seule, par sa grandeur, expliquer de tels faits.

Faisons remarquer aussi, que ces forces puissantes s'exercent toujours dans la direction générale N. S. ou S. N., ce qui ne pourrait avoir lieu par l'hypothèse des soulèvements, et ce qui au contraire, concorde d'une manière si remarquable avec la théorie de M. Adhémar.

Examinons maintenant quel a dû être l'état de l'Europe avant le dernier déluge, et ce que deviendront nos continents à la prochaine irruption des mers.

Il est d'abord évident, que si la théorie qui nous occupe est une vérité, les eaux des océans doivent périodiquement recouvrir dans notre hémisphère, les mêmes contrées basses, sauf quelques modifications dans la configuration des rivages, par suite de quelques exhaussements ou affaissements locaux peu importants dans l'ensemble. Nous bornerons notre examen aux époques tertiaires, comme étant les plus significatives, et ces continents de notre hémisphère, ne présentant, *à chaque période d'émergement*, depuis l'époque crétacée, que des changements bien moins considérables qu'on ne le croit généralement.

M. Lyell a publié, avec ses *principes de géologie*, une petite carte d'Europe, où toutes les contrées couvertes de hachures portent des terrains tertiaires, soit d'une, soit de plusieurs époques. Cette carte intéressante concorde avec les recherches de M. A. d'Orbigny qui signale l'existence de couches tertiaires dans les contrées suivantes :

La Scanie, la Russie, la Pologne, la Prusse, la Westphalie, la Hesse, Mayence, les Pays-Bas, le Suffolk et le Norfolk, la France, le Tyrol méridional, la Suisse, la Gallicie, la Styrie, la Transylvanie, la Carinthie, la Croatie, l'Italie, la Lombardie, la Bessarabie, la Podolie, la Wolhynie, la Valachie, la Moldavie, la Tauride, enfin la Sibérie, les environs de la mer Caspienne, etc.

On voit que les hautes terres seules ne portent aucun vestige de couches tertiaires, et qu'elles ont échappé à chaque immersion des eaux. Si la Suisse et le Tyrol figurent sur la liste ci-dessus, c'est que là, ces dépôts n'occupent que des vallées basses, ou ont été relevés par les mouvements ascendants des Alpes.

Ainsi pendant l'époque tertiaire presque les trois quarts de l'Europe se seraient *soulevés* au-dessus des eaux! . .

Ce n'est plus ici un système de soulèvement par lignes ou chaînes parallèles; ce sont d'immenses espaces, et ce qui serait plus étrange, toutes les contrées basses, situées tant au nord qu'au midi, à l'orient qu'à l'occident, contrées dépourvues de montagnes et de toutes traces d'effets volcaniques! que deviennent donc toutes ces oscillations locales, si fréquentes et si diverses? Nous voyons ici une chose simple et grande. C'est un hémisphère qui se trouve aujourd'hui en grande partie émergé, sans dislocation et tout d'une pièce. L'abaissement des eaux, seul, peut donner une solution acceptable de ce grand phénomène.

Mais remarquons bien que dans ce qui précède, nous prenons les terrains tertiaires en masse et comme résultant d'un seul dépôt. Il est loin, comme on le sait, d'en être ainsi. Plusieurs étages de couches, d'âges distincts et séparés par de grandes catastrophes, composent les terrains tertiaires, et plusieurs de ces étages ont été reconnus déjà dans la plupart des contrées que nous venons de citer, malgré le petit nombre de point où ces couches sont à découvert. Il aurait donc fallu que plus de la moitié de l'Europe se soulevât et s'abaissât alternativement, chaque fois, dans les mêmes conditions et les mêmes limites! . . C'est trop exiger, il faut l'avouer, de la partie solide de notre globe.

A mesure que les explorations géologiques deviendront plus nombreuses et plus générales, on retrouvera chaque jour davantage les vestiges des divers étages tertiaires dans les pays cités; mais il est deux grandes causes qui ne permettront jamais de constater d'une manière absolue, dans toutes ces contrées, des traces de toutes les mers tertiaires.

La première de ces causes, c'est que les dépôts superficiels cachent, surtout vers le nord, les dépôts antérieurs. Les coupes naturelles ou artificielles où les divers étages tertiaires se montrent au jour, sont trop peu nombreuses pour permettre jamais des études positives. Que l'on réfléchisse à ce que sont, sur d'aussi vastes espaces que le nord de l'Allemagne, la Russie, etc., quelques petites carrières, quelques berges ou flancs de vallées, ou de collines, quand celles-ci ne sont pas recouvertes d'éboulis et de végétation. L'étude se trouve donc bornée à quelques points isolés.

La seconde cause, c'est que plusieurs dépôts tertiaires ont été emportés par les mers sur des espaces considérables, et qu'il ne reste souvent pour constater leur présence originelle que quelques lambeaux disséminés et de très-peu d'étendue. On s'est trop pressé, croyons-nous, de tracer la limite des mers tertiaires, et lorsque M. A. d'Orbigny laisse en dehors des mers parisienne et tongrienne, la Picardie et une partie de la Champagne, il oublie de compter avec la puissance d'érosion et de transport des eaux dont il rend pourtant si bien compte dans ses ouvrages.

« En étudiant les petits lambeaux de l'étage falunien disséminés sur tout le grand bassin de la Loire et sur une partie de la Bretagne, depuis le département de Loir et Cher, jusqu'aux côtes du nord, la presqu'horizontalité des couches, et l'analogie complète des faunes qu'elles renferment, démontrent bientôt que ces lambeaux sont les restes *d'un seul et même tout*, qui devait constituer une mer, dont les *gigantesques dénudations* postérieures, produites par les eaux, n'ont plus laissé que quelques parcelles. Les parties existantes de ce bassin marin, comparées, en effet, aux parties dénudées qui les séparent, ne sont plus, en surface, que dans le rapport d'un à cent. Il a donc fallu que ces dépôts, d'abord répandus sur toute la surface renfermée par ces lambeaux, aient été ensuite enlevés sur les *quatre-vingt-dix-neuf centièmes* de leur surface première. Ces faits prouvent qu'avec une impétuosité *inconnue dans les causes physiques ordinaires*, les eaux ont balayé la surface de ces contrées *pendant assez long-temps*, pour qu'en deux époques géologiques seulement, elles aient pu enlever une surface aussi considérable. Car il ne faut pas oublier qu'il n'y a eu depuis que ces mers existaient, jusqu'à nous, que la perturbation finale de cette époque, et la perturbation finale de l'étage subapennin qui a précédé notre arrivée sur la terre. Nous ne saurions donc trop insister sur ce morcellement, la preuve la plus évidente que nous puissions donner, du mouvement des eaux qui, d'après tous les faits existants, *parait avoir marqué la fin de chaque grande époque géologique.* » [1]

Voilà des faits significatifs et qui auraient dû prémunir l'auteur contre une détermination trop hâtée des anciens rivages tertiaires. Comment cet éminent géologue n'a-t-il pas pressenti que cette *centième partie* d'un dépôt avait bien pu être emportée à son tour sur certains espaces et ne laisser là aucune trace de ce dépôt. Il en a pourtant été ainsi, et l'observation est venue le démontrer.

M. Hébert, dans une notice pleine d'intérêt, décrit les rivages des deux mers parisienne et tongrienne, et contrairement à l'opinion de M. d'Orbigny, il leur fait recouvrir la Flandre, l'Artois et la partie occidentale de la Picardie. [2] Nous verrons bientôt que M. Hébert est dans le vrai.

Mais il est temps de quitter le domaine des faits généraux et de choisir nos dernières preuves dans les faits précis, les faits de détail, qui vont devenir d'une évidence de plus en plus convaincante.

La hauteur des mers, au-dessus des terres européennes pendant chaque période d'immersion, doit varier suivant la latitude, puisque la masse fluide va en décroissant du pôle à l'équateur. Les faits géologiques nous démontrent qu'il faut évaluer le ni-

[1] Pal. et Géol. str., t. 2. II, p. 782.

[2] Bull. de la Soc. géol. de France, 2.e série, t. XII.

veau des eaux, pour la latitude de Paris, à environ 200 mètres ou 600 pieds au-dessus du niveau de la Manche [1]. Ce point essentiel une fois connu, il devient possible, au moyen des cartes géologiques et hypsométriques existantes, et en tenant compte de la formidable puissance d'érosion et de transport des eaux, de rétablir les rivages des mers européennes avant le déluge de la Genèse.

Disons le encore, avec une profonde conviction, la plus grande partie du sol de l'Europe est restée dans une tranquillité relative pendant toute l'époque tertiaire. Nous devons donc trouver peu de variation dans les limites des rivages des sept grandes mers successives que nous allons décrire. Les parties septentrionales n'étant pas encore suffisamment explorées, nous n'examinerons ici que la France occidentale, la partie Est de l'Angleterre, la Belgique et la Hesse.

En partant des Pyrénées, la limite des mers tertiaires suivait une ligne qui passerait à peu près par Carcassonne, Castelnaudari, Alby, Montauban, Périgueux, Angoulême, Montmorillon, Nevers, et un golfe étroit plus au sud, Joigny, Troyes, Réthel, Avesnes, Maubeuge, Charleroi, Liége, Maestricht, Aix-la-Chapelle, Düren, Rheinbach, Koningswinter, Elberfeld, Paderborn, Osnabruck, Minden, et le revers septentrional du Harz pour revenir sur Cassel et communiquer par un golfe avec le bassin de Mayence. La partie de la France à l'occident de cette limite était mer, à l'exception de cinq îles et d'un îlot. C'étaient, au nord, l'île de Boulogne, l'île de Bray, puis la grande île de Normandie, l'île de Bretagne, l'île de Vendée et l'îlot de Menez, voisin de l'île de Bretagne. Plus au nord, aucune terre jusqu'à

[1] Le chiffre ou point de départ des calculs de M. Adhémar, le seul point conjectural de sa théorie, est trop élevé, comme il le pressent lui-même. Peut être attribue-t-il à la coupole de glace australe une épaisseur ou plutôt une densité un peu trop considérable, car elle doit être composée en grande partie de neiges accumulées. Cette différence ne fait que rendre sa théorie plus vraisemblable et plus inattaquable.

l'île de Scandinavie qui disparaissait en partie sous la grande glacière boréale.

En Angleterre, les rivages de la mer du nord, partant de Berwich passaient vers Durham, Richmond, Leeds, Sheffield, Derby, Leicester, Northampton, Hertford, Reading et plus à l'occident, formant un canal, et revenaient par Guildford, Chatam, Ashford et Rye. L'Angleterre formait cinq grandes îles et un îlot : l'île de Grande Bretagne au centre, l'île de Whitby au nord, l'île de Galles à l'ouest, et les îles de Cornwall et de Weald au sud, avec l'îlot de Wight. L'Écosse était séparée de la Grande-Bretagne par un canal situé sur Edimbourg, et le centre de l'Irlande était vraisemblablement mer, ce que nous n'oserions affirmer avant que de nouvelles recherches géognostiques n'aient fait découvrir sur cette région quelques lambeaux de couches tertiaires.

La carte qui accompagne cet ouvrage donnera une idée, moins précise, toutefois, pour certaines parties de l'Europe, des limites des dernières mers tertiaires, que les mouvements ascensionnels, et successifs des Pyrénées, des Alpes, du pays de Galles, etc., ont dû modifier sur certains points, sans changer d'une manière notable leur configuration générale. Maintenant, avant de jeter un coup-d'œil rapide sur les divers étages, abordons un point important des conséquences de la théorie que nous défendons.

Nous plaçons les mers tertiaires sur certaines régions, où l'on ne signale jusqu'ici aucun vestige de dépôts formés par ces mers. D'abord nous ferons observer que l'absence d'un dépôt n'est toujours qu'une preuve négative, car ce dépôt peut avoir sur quelques points échappé aux recherches, ou bien il peut y avoir été emporté par la violence des eaux. Mais admettons que l'on ait constaté d'une manière positive l'absence de ces couches, et voyons quelles sont les localités, ou malgré cette absence, nous avons étendu le lit des dernières mers.

Tout l'espace compris au nord de la France entre Lille et Maubeuge jusqu'à Laon ne porte que des lambeaux éocènes ou tertiaires inférieurs. Les autres étages n'y ont pas encore été constatés; mais que l'on se figure, la carte sous les yeux, ce qui doit arriver lorsque les mers du nord, après une période d'immersion et de repos, passent dans l'hémisphère sud. Des courants gigantesques, contrariés ou resserrés par les terres, marchent du nord au sud avec une violence dont rien dans la nature actuelle ne peut nous donner une idée. Un double courant se dirige sur la Flandre, l'Artois et la Picardie, l'un venant directement du nord et balayant les côtes d'Angleterre, l'autre venant du nord-est, et longeant la côte orientale de la grande terre scandinave; celui-ci rencontrant le premier, et repoussé d'un autre côté, par la côte oblique du Harz et des Ardennes, se précipite dans le vaste détroit compris entre la pointe des Ardennes et l'Angleterre. Dans cette région relativement resserrée, la puissance d'érosion et de transport des eaux devient formidable et balaie les dépôts nouvellement formés. Dans les parties basses de la Belgique, là où la mer a une profondeur de plus de 700 pieds, le transport est infiniment moins marqué, et on trouve la série complète des couches tertiaires. Dans le Brabant plus rapproché du détroit et où la mer à une profondeur moindre d'environ 150 pieds, les dénudations sont terribles. Il ne reste sur cette province que quelques petits lambeaux des couches tongriennes, faluniennes et campiniennes; dans le Hainaut, vers l'extrémité ouest de la côte des Ardennes presque tout a été emporté. Il ne reste que quelques jalons épars, tels que la colline de Mons, et le Mont-Panisel, lesquels avec les collines de Renaix, le Mont-Noir, le Mont-Cassel, etc., ne sont que des collines de dénudation, d'antiques témoins de la présence des anciennes mers. Sur les plaines élevées et crayeuses de la Picardie, non-seulement la plus grande partie des couches tertiaires a été balayée, mais la craie elle-même a été entamée. Près de Mons, les couches de Maestricht ont été mises à nu.

Si nous examinons l'Angleterre, nous voyons ses côtes orientales ravagées par le courant Nord-Sud et les dépôts tertiaires, depuis Berwick jusqu'à Hertford, emportés en très grande partie. On comprend que cette côte oblique, formant avec l'axe du courant un angle, dont la bissectrice est dirigée N. N. O. au S. S. E., doit donner aux eaux en mouvement une force énorme d'érosion et de transport sur cette partie de l'Angleterre.

Un autre point où la puissance de dénudation du courant N. S. a dû être très considérable, c'est au détroit formé par le plateau de l'Auvergne et l'île de Vendée. Là aussi les couches tertiaires ont été presque toutes emportées, et il n'a pu en être autrement. Cette circonstance a dû se reproduire entre les Pyrénées et les Cévennes, et sur une partie de la Bretagne. Par contre, les eaux, en passant sur la partie orientale de l'île de Normandie, semblent y avoir entraîné et déposé des traces de sables tertiaires supérieures.

Nous n'avons envisagé ci-dessus que les effets produits par le départ des eaux de notre hémisphère; mais il y a un nombre égal de retour des mers sur les terres septentrionales émergées. Les effets de ces retours des eaux doivent offrir certains caractères particuliers. Les mers reviennent sur des contrées mises à sec depuis dix mille années, ou couvertes de lacs, dont le nombre a diminué depuis les premiers âges tertiaires, par les comblements successifs et le nivellement de leur lit. Les eaux roulent sur des couches parfois durcies et couvertes d'humus, de forêts et d'animaux. Ces animaux sont noyés et leurs cadavres souvent roulés au loin. Les forêts sont arrachées, transportées et dispersées si elles se trouvent sur des points élevés; fracassées et mêlées de débris de roches si elles sont dans des parties basses. La vase des lacs est en partie balayée et transportée à distance, et des érosions nouvelles viennent se joindre à celles précédemment produites. Certains points abrités contre les dénudations des courants N.-S., se trouvent au contraire exposés à toute la violence du retour des mers vers le pôle nord.

C'est cette énorme puissance de destruction, marchant alternativement du nord et du sud, qui a pendant l'époque tertiaire creusé successivement le chenal de la Manche à travers les terres rocheuses qui unissaient Brest au cap Lizard, et l'on ne saura probablement jamais si c'est au dernier déluge ou au déluge précédent, que l'isthme étroit, qui joignait le cap Blanc-nez à Douvres, a été creusé assez profondément pour unir les deux mers et séparer l'Angleterre du continent..

Après cet exposé, il nous reste à examiner sommairement ce qui s'est passé, sur notre hémisphère, depuis et y compris la période éocène.

Les géologues sont peu d'accord sur les premiers âges tertiaires. M. Lyell avait réuni les couches suessoniennes et parisiennes dans ses dépôts éocènes. MM. A. d'Orbigny, Murchison, etc., ont considéré ces dépôts comme formant deux étages distincts. M. Hébert a cru devoir séparer à son tour les sables de Bracheux des lignites du Soissonnais, les regardant comme le type d'un étage immédiatement inférieur, représenté en Angleterre par les sables de Woolwich. Nous accepterons les conclusions de ce savant géologue.

Plus on recule dans les anciens âges géologiques, et plus la configuration des terres européennes devait présenter de différences avec celle de l'époque tertiaire supérieure. Ces différences si on ne va pas au-delà de la période éocène, ne devaient pas changer beaucoup l'aspect général de notre continent, et ne modifiaient vraisemblablement que certaines contrées de peu d'étendue relative. Il ne faut pas perdre de vue le peu de points explorés sur de si vastes espaces, ni cette circonstance, que les terrains anciens se trouvent généralement ensevelis sous les dépôts postérieurs. Nous ne nions nullement certains mouvements de l'écorce du globe comme cause *secondaire* de changements dans la configuration des rivages des mers des diverses époques géologiques. Aussi ne regardons-nous pas notre essai d'une carte des terres de l'Europe, pendant les dernières périodes d'immersion, comme pouvant représenter les mers suessoniennes avec une exactitude suffisante. Elle s'applique principalement aux mers Tongrienne, Falunienne et Campinienne, c'est-à-dire aux trois immersions les plus récentes de notre hémisphère. Nous convenons qu'il faudrait, à la rigueur, et après de nouvelles études des terrains, établir la carte de chaque étage, certaines différences devant nécessairement se produire d'un cataclysme à un autre. Nous avouons, que dans l'état actuel des connaissances géologiques, cette tâche est au-dessus de nos forces.

Après la retraite de la mer pisolitique, un relais de ses eaux occupa une dépression du sol de la France entre Sézanne et Compiègne, et devint, après avoir perdu ses parties salines, le lac de Rilly, si bien décrit par M. Hébert. C'est sur ce lac que revinrent dix mille ans plus tard, les eaux de l'océan austral.

M. Hébert, prenant pour base de ses études d'autres causes que celles que nous exposons ici, fait marcher les eaux du nord au sud, au moment de l'immersion du lac de Rilly. Nous opposerons à cette opinion cette conséquence de la théorie que nous défendons : c'est qu'au retour des mers australes, elles roulent sur un sol émergé, sur des couches durcies, n'entraînant guère que des débris organiques et des fragments de roches, tandis qu'au départ des mers boréales, elles entraînent vers le sud leur dépôt récent et meuble. C'est donc ce mouvement des eaux du nord au sud entraînant aussi des débris de roches arrachés aux côtes, qui est toujours le mieux imprimé, le plus général et le plus reconnaissable dans les couches tertiaires, et c'est cette circonstance qui a fait croire à plusieurs géologues, que le moment du départ et de la retraite des eaux du sol de la France, marquait au contraire leur arrivée venant du nord, ce qui n'est vrai qu'en partie. Les objections qu'on pouvait présenter contre cette manière de voir, n'ont pas échappé à l'esprit sagace et réfléchi de M. Hébert; aussi se croit-il obligé de regarder cette invasion de la mer tertiaire, comme se faisant lentement et *par petites étapes*, déposant d'abord en Belgique les marnes Heersiennes de Dumont, puis plus tard, et plus au sud, les sables de Bracheux, etc., nous ferons observer à ce sujet, que rien n'indique que les marnes Heersiennes ne soient pas parallèles au calcaire pisolitique, et ce qui tendrait à le faire penser, ce sont les débris de végétaux dicotyledones qu'on trouve à la partie supérieure de ce dépôt, végétaux enfouis lors de l'arrivée de la première mer tertiaire venant du sud.

C'est cette première mer, qui a selon nous déposé, en même temps que les sables de Bracheux, les couches Landéniennes inférieures de la Belgique.

Après la retraite de cette mer, le sol de la France occidentale se couvrit de végétaux et se peupla d'animaux de divers ordres. La région comprise entre Bourges et Chateaudun devait être plus élevée qu'aujourd'hui ou bien une dépression existait au sud de Paris jusques vers Orléans, car un grand lac couvrait aussi cette partie de la France.

Tel était l'état de cette partie de l'Europe quand les eaux océaniques revinrent prendre possession de leurs anciens rivages. Ces eaux, détruisant tout sur leur passage, se précipitèrent dans le lit du lac d'Orléans, en soulevèrent et en balayèrent le limon quelles répandirent sur la région de Paris. Telle fut l'origine de l'argile plastique. Les forêts furent fracassées; les animaux surpris périrent tous, et leurs débris se retrouvent mêlés aux végétaux et aux fragments de roches roulés. Toute cette terrible destruction est recouverte ou ensevelie par l'argile plastique.

M. Hébert, par des inductions résultant de ses études approfondies des couches du bassin de Paris, nous dirons même par une sorte d'intuition, nous retrace ces divers événements sans être fixé sur leur cause. Il nous montre d'abord le mouvement des eaux s'opérant du nord-est, vers le sud-ouest, direction que l'obliquité du rivage des Ardennes a dû imprimer aux courants, et ces eaux déposant les sables inférieurs du Soissonnais. Il nous peint ensuite une partie de la faune Parisienne de cette époque composée de tortues, de crocodiles, habitant le bord des lacs, du *Coryphodon* grand mammifère, du *Gastornis* oiseau gigantesque, etc., puis il reconnaît une *invasion tumultueuse* des eaux *venant du sud*, charriant les *argiles plastiques* et ensevelissant les végétaux brisés, pêle-mêle avec les débris d'animaux et les cailloux roulés[1]. Seulement M. Hébert manquant de données

[1] Recherches sur la faune des premiers sédim. tert. parisiens.

pour apprécier les temps, présente ces divers faits en quelque sorte comme connexes et simultanés. Il donne pourtant l'antériorité au mouvement des eaux venant du nord. Cette antériorité est de dix mille années, temps pendant lequel s'est développée la faune parisienne qu'il décrit.

Les eaux venant du sud, ayant donc recouvert toute la partie de l'Europe précédemment émergée, y déposèrent les couches suessoniennes ou lignites du Soissonnais, les couches landéniennes supérieures, une partie des calcaires nummulitiques, etc., c'est-à-dire le second étage tertiaire en partant du calcaire pisolitique.

Pendant la période d'émergement qui suivit, les terres mises à sec se peuplèrent d'une nouvelle faune beaucoup plus importante que la précédente. M. d'Orbigny énumère dix-sept genres nouveaux de mammifères, dix genres d'oiseaux et deux genres de reptiles. Nous ne pouvons, dans cet aperçu rapide, entrer dans des détails paléontologiques ; nous ne ferons qu'indiquer les faits se rattachant directement à la découverte qui nous occupe. La plus grande partie de cette faune fut détruite, à l'époque du retour des eaux, par l'invasion de la *mer parisienne*, qui, pendant son séjour sur l'Europe, déposa le calcaire grossier, les sables de Bruxelles, l'argile de Londres, les sables de Bracklesham et de Bagshot, ainsi que les couches ypresiennes et paniseliennes de Dumont. Ces dépôts recouvrant le plus souvent des lignites ou forêts englouties de la période précédente, occupent de vastes surfaces, non-seulement sur le sol de l'Europe, mais encore en Asie et dans l'Amérique septentrionale. On peut voir dans l'ouvrage de d'Orbigny, l'indication des nombreuses localités où cet étage a été reconnu et où il repose, en couches concordantes, sur l'étage suessonien. Si on n'a pas signalé jusqu'ici de couches parisiennes sur certaines régions qui portent les dépôts plus récents, oserait-on affirmer qu'on a suffisamment exploré ces régions, que les couches parisiennes y manquent absolument ; et même, dans ce cas, n'y a-t-il pas lieu d'examiner si elles n'ont pas été emportées ? Prétendra-t-on par exemple que la mer parisienne n'a pas occupé l'espace compris entre Maubeuge et Lille, parce qu'on n'y retrouve aucun lambeau de cet étage? qu'on réfléchisse donc que cet espace s'est trouvé le plus exposé à la violence des courants, et que l'effet de la puissance érosive des eaux a été d'emporter et de faire disparaître la preuve de cette puissance, de sorte que là, où il y a absence de preuve, a eu lieu le plus souvent le maximum de la cause agissante. Sur la Picardie, les silex de la craie elle-même ont été arrachés et roulés jusqu'à Paris.

Si l'on arrive à constater l'absence absolue des couches parisiennes dans le bassin de la Loire, c'est que le pays compris entre Bourges et Chateaudun était encore, comme nous l'avons dit précédemment, plus élevé qu'il ne le fut plus tard à l'époque falunienne. Des eaux lacustres ont existé pendant une partie de l'époque tertiaire, entre Paris et Orléans, ce qui induit à penser que le bassin ligérien n'existait pas alors dans les mêmes conditions d'altitude qu'aujourd'hui. Au reste le retour périodique des mers dans les mêmes bassins, et la stabilité du sol de la plus grande partie de l'Europe ressort, d'une manière remarquable, du passage suivant de M. A. d'Orbigny :

« En voyant sur tous les points du bassin anglo-parisien, les couches parisiennes reposer en couches presque concordantes, pour ainsi dire horizontales ou légèrement inclinées vers le centre du bassin, on acquiert la certitude que cet étage, *comme les vingt étages qui précèdent*, a conservé dans le bassin anglo-parisien une position presqu'identique à celle qu'il occupait dans les mers parisiennes. Les couches de Belgique, dans la continuation du bassin anglo-parisien, s'y présentent aussi telles qu'elles ont été déposées dans les mers de cette période. En étudiant dans le bassin pyrénéen, les couches de Blaye et des autres points de la Gironde, on arrive aux mêmes conclusions [1]. »

[1] Géol. et pal. str., t. 2-II, p. 744.

Qu'on explique après cela les oscillations continuelles du sol dont parle sans cesse M. d'Orbigny, et la contradiction qu'implique ce passage de son livre. Il est vraiment étrange que ce géologue éminent ait cotoyé de si près la vérité sans la saisir. Tel est l'effet des hypothèses à la fois brillantes et commodes. Nous disons commodes, parce qu'une théorie qui consiste à conclure par exemple : ici, on trouve des coquilles marines à 50 mètres d'altitude, le sol s'est soulevé de 50 mètres; là on trouve des coquilles à 100 mètres d'altitude, le sol s'est soulevé de 100 mètres, nous le disons fermement, ce n'est point là une théorie, c'est l'absence de toute théorie, c'est donner tout le mouvement à la partie *solide* du globe et l'immobilité à la partie *fluide*. C'est le renversement de toute vraisemblance, la négation de ce qu'indique la saine raison. On a pris jusqu'ici par une déplorable erreur l'effet pour la cause. L'Europe se trouve émergée quand les eaux l'abandonnent; mais elle ne se soulève pas au-dessus des eaux.

Après la période approximative de 10,500 années et le dépôt des couches parisiennes, la masse des eaux se porte vers le pôle austral et découvre la plus grande partie des terres de notre hémisphère. Comme on le remarque à chaque étage, des parties d'eaux marines restent dans les dépressions du sol émergé, [1] et avec les siècles, deviennent des lacs d'eau douce. C'est ainsi que se déposèrent après le départ des mers parisiennes, les calcaires lacustres des bassins de Paris et de la Gironde, présentant à leur partie inférieure des *Cérithes* qui peuvent vivre dans les eaux saumâtres et plus haut des *Lymnées* auxqu'elles la moindre salure des eaux ne permet pas d'exister. Une faune en partie nouvelle se répand sur les pays mis à sec, ou peuple les lacs et les nouveaux rivages.

[1] Non seulement des lacs restèrent sur les pays émergés, mais le gonflement des eaux, au moment des débâcles, gagna certaines parties élevées des terres et y remplit des creux qui devinrent aussi des lacs, situés à des altitudes plus ou moins considérables au-dessus du niveau des mers, à leur maximum d'élévation Telle est l'origine des grands lacs miocènes de la Péninsule Ibérique, etc.

Après la période de repos, la cause climatérique exposée, ramène les eaux australes sur notre hémisphère. Les ravages de ce retour des mers sont écrits en traits frappants dans les coupes artificielles des environs de Bruxelles, à Saventhem, à Dieghem, à Schaerbeke, etc. On voit, dans ces carrières, les couches bruxelliennes consolidées, avec leurs lits horizontaux de pierres concrétionnées, ravinées, creusées, entraînées par d'affreux courants venant du sud et présentant des déchirements en entonnoirs, des creux bizarres portant parfois des pierres concassées, et dans lesquels un nouveau dépôt d'une nature minéralogique et d'un facies tout différents s'est effectué. Ce sont les sables jaunâtres et verdâtres de Laeken; un cataclysme évident sépare les deux systèmes bruxellien et laekenien, et ce qui le prouve encore, c'est la masse de végétaux, de troncs d'arbres brisés et de fruits de nipadites fossilisés qu'on remarque à la partie supérieure de ce qui reste des couches bruxelliennes. Les *nummulites lævigata*, toutes transportées, remaniées, roulées, avec des dents de squales usées, marquent bien en Belgique la séparation de deux étages, mais elles n'indiquent pas autrement un horizon géologique, ainsi que le font judicieusement remarquer MM. Toilliez et de Beaulieu. Au contraire, les *nummulites planulata* qu'on voit à la partie inférieure des couches bruxelliennes, sont en place et marquent bien le commencement d'une faune marine, de même que les *nummulites variolaria* marquent le commencement de la faune des mers laekeniennes. Certaines couches d'Auvers et de Beauchamps sont parallèles aux couches de Laeken. M. d'Orbigny lui-même va nous le prouver. Que l'on jette les yeux sur la coupe, page 748, second volume de son traité de géologie, on y verra d'abord, à la partie inférieure, les dépôts tranquilles de la mer parisienne, puis les traces du départ des eaux par des lits roulés et inclinés, d'abord avec violence, puis par des courants moins rapides, jusqu'au moment de l'émergement de la France. Sur ces couches inclinées par le départ des eaux boréales, leur retour violent est palpable par la présence d'une couche roulée en sens inverse et composée de débris et de matériaux pesants. Les eaux ont donc repris possession de leurs anciens rivages du nord, et déposent tranquillement la couche suivante ou l'étage laekenien, marqué *h* sur la gravure; puis enfin sur cette couche tranquille, les traces d'un nouveau départ des eaux de notre hémisphère.

La direction qu'indique M. d'Orbigny, est E. O. pour le départ des eaux. En attendant que nous puissions vérifier ce point sur les lieux mêmes, nous croirons que la véritable direction est N.-E. au S.-O. M. d'Orbigny n'attachant pas d'importance à la direction du courant puisqu'il n'en déduit aucune conséquence, aura bien pu l'apprécier approximativement, et ce qui doit nous le faire croire, c'est qu'il cite d'autres couches du bassin ligérien offrant les mêmes lits inclinés, sans en donner la direction cardinale. Nous ajouterons qu'il importe de vérifier avec soin comment les couches sont coupées car si un courant N.-E. au S.-O. a formé ces lits inclinés, et que le plan de section soit situé E.-O. les lignes des lits roulés ne feront que s'allonger un peu et paraîtront produites par un courant E.-O. Enfin qu'on ne perde pas de vue qu'il ne s'agit ici que d'une différence d'un huitième du cercle.

Beaucoup d'espèces des sables de Beauchamps se trouvent dans les couches laekeniennes. Nous nous proposons de former des listes comparatives pour établir le synchronisme de ces deux terrains. Un fait très significatif, pour appuyer notre opinion, c'est que les couches d'Auvers, de Valmondois, d'Assis, etc., présentent des fossiles remaniés et roulés de l'étage parisien, et disons-le en passant, on n'a pas jusqu'ici attaché assez d'importance à la constatation de l'état des coquilles fossiles : si elles sont en place, où elles ont vécu, ou si elles ont été remaniées et transportées. A la partie supérieure des couches bruxelliennes, on voit de nombreuses pierres percées de modioles et d'une nature minéralogique particulière. Ces pierres, peut-être suessoniennes, ont été apportées de loin, ainsi que certains fossiles roulés et étrangers à l'étage bruxellien.

Pendant les siècles nombreux qui se sont écoulés entre les mers parisienne et tongrienne, des mouvements du sol se sont produits en Europe, et ont dû en modifier, sur certains points, les rivages. Les couches éocènes furent surélevées, sur les flancs des monts Carpathes, au sud de l'Oural, entre la Caspienne et le lac Aral, sur certains points des Apenniens, des Alpes, enfin dans l'île de Wight où nous avons vu ces couches redressées verticalement.

Nous sommes arrivés à l'époque de la mer tongrienne, qui est venue détruire une grande partie de la faune laekenienne. Les traces de la violence des eaux, lors de leur retour, se montrent sur un grand nombre de points, à la base des dépôts tongriens, par des lits de cailloux de silex, et des poudingues, comme aux environs d'Etampes, dans le département d'Indre et Loir, etc. Le bassin de Mayence communiquait alors avec la vaste mer de Tongres par Magdebourg et Hanovre. Entre Maubeuge et Cambrai, on n'a pas retrouvé jusqu'ici de traces de ce dépôt, ce qui ne prouve nullement que la mer n'a pas recouvert cet espace. On y a constaté l'existence de lambeaux éocènes et pliocènes, et nous avons dit les causes des violentes érosions qu'a subi cette contrée, et qu'ont dû éprouver également les parties formant détroits et hauts-fonds, comprises entre les grandes îles de Bretagne, de Normandie, de Vendée et le plateau de l'Auvergne, où la plupart des dépôts tertiaires ont été violemment balayés. Sur le Brabant, il ne reste que quelques petits lambeaux tongriens, épars sur les points culminants comme entre Bruxelles et Uccle, près de Dilbeek, au camp de Cicéron, près d'Assche, à Molhem, entre Jette et Wemmel, etc. Nous ne citerons pas les nombreuses contrées européennes où les dépôts formés par cette mer ont été reconnus. Notre carte commence ici à donner une idée assez fidèle de la configuration de l'Europe pendant cette période. Comme nous voulons être bref dans ce premier travail, nous glisserons sur cet étage, que les travaux de la géologie n'ont pas encore bien détaché de l'étage falunien. Nous ferons seulement remarquer, qu'après la retraite de la mer tongrienne, les terres émergées restèrent de nouveau couvertes, dans leurs dépressions, comme entre Étampes et Orléans, par des parties d'eaux marines qui devinrent des lacs d'eau douce. Les dépôts de ces lacs, superposés aux couches marines tongriennes, ont été observés sur différents points des bassins anglo-parisien et pyrénéen. Les passages suivants peindront mieux que nous ne pourrions le faire, le nouveau retour tumultueux et violent des mers, et la séparation des deux étages tongrien et falunien.

« Nous pourrions voir dans les dépôts de galets, inférieurs aux dépôts faluniens marins de Carry (Bouches du Rhône), et dans les énormes cailloux arrachés au calcaire néocomien, les traces certaines du mouvement des eaux à la surface de la terre, à la fin de l'étage tongrien, et avant les dépôts renfermant des corps organisés de l'étage falunien. Pour nous ces galets ne sont que les premiers nivellements dûs à la violence des eaux lors de la perturbation finale de l'époque tongrienne.... Les corps organisés remaniés à l'état fossile qu'on trouve ailleurs, nous donnent encore la preuve de ce mouvement. On en voit surtout un exemple remarquable près de Clansayes (Drôme), où l'on trouve des ammonites et beaucoup d'autres coquilles de l'étage crétacé albien, remaniées dans les sables jaunes de l'étage falunien. Dans la Touraine et le Maine, nous avons remarqué des faits analogues [1]. »

Sans entrer ici dans la longue énumération des contrées européennes où les dépôts faluniens ont été reconnus, nous renvoyons à notre carte des mers de cette époque, tout en faisant remarquer encore, qu'il existe dans l'état actuel de nos connaissances, une grande confusion entre les dépôts des mers tongrienne et falunienne, ordinairement compris dans la dénomination de couches miocènes. Il faudra, croyons-nous, rapporter aux dépôts faluniens, les argiles du nord de l'Allemagne, qui s'étendent depuis la Hollande jusqu'à la Vistule, et qui atteignent près de Posen, jusqu'à 50 mètres de puissance, ainsi que le calcaire des

[1] Géol, et Pal. str., t. 2-11., pp. 771 et 785.

steppes de M. de Verneuil. Dans la presqu'île de l'Inde, dans l'Amérique du nord, presque partout sous les couches du diluvium, on trouve des dépôts tertiaires supérieurs non encore suffisamment étudiés, et qu'on devra rapporter, selon toute vraisemblance, à l'avant-dernière mer. Ces dépôts manquent néanmoins sur une partie du Danemarck où des érosions violentes ont dénudé la craie, et sur la plus grande surface de la Suède. Nous parlerons plus loin de l'absence des couches tertiaires sur ce dernier pays. En Angleterre, toute la partie orientale formant haut-fonds, et la puissance des courants N. S., y ayant agi d'une manière formidable, le dépôt falunien manque comme les autres excepté un jalon resté debout; le crag de Norwich. En Belgique, le dépôt de la mer falunienne constitue les sables de Diest, occupant de grands espaces sur les parties basses du nord. Sur le Brabant, on en retrouve à peine de rares vestiges sur le sommet de quelques collines, comme à Zavel, près de Cortenberg, à Vrebosch, et au bord de la chaussée Romaine entre Jette et Wemmel. Les sables de Diest couronnent aussi les sommets du Mont-Cassel et des Récollets. Ces points sont donc de véritables collines de dénudation, comme celles des environs de Paris, et la plus grande partie de l'espace vide situé entre ces collines et au-dessous de leur niveau, a été emporté par l'incroyable puissance des eaux diluviennes.

La faune européenne, en grande partie détruite à chaque cataclysme, présentait à cette époque un aspect tout nouveau. Depuis la période parisienne, 47 nouveaux genres de mammifères ont apparu sur notre continent. Lors de la grande débâcle qui signala le passage au sud des eaux faluniennes, les terres basses de l'Angleterre, des îles de Normandie, de Bretagne, de Vendée et du plateau de l'Auvergne, furent balayées par le flot gonflé; les animaux entraînés furent roulés au fond des vallées situées sur les flancs septentrionaux des Pyrénées et qui s'ouvrent en entonnoirs vers le nord. Telle est l'origine du dépôt de Sansan au-delà d'Auch. D'autres cadavres roulés dans le golfe, également ouvert au nord, qui échancrait le plateau de l'Auvergne, allèrent buter au fond de ce cul-de-sac, et on les retrouve à Issoire. Les beaux travaux de MM. Lartet, Bravard, Croiset et Delessert, nous ont fait connaître ces anciennes créations. Si l'on fouille dans les vallées voisines de Sansan, et qui s'ouvrent au nord, on trouvera probablement d'autres dépôts d'ossements de la même époque. Nous verrons bientôt pourquoi les grands animaux de la Faune suivante sont accumulés dans les vallées qui s'ouvrent au sud.

Tous les faits concourent à confirmer l'énorme gonflement des eaux polaires marchant vers l'hémisphère austral, au moment de la première et principale débâcle de chaque grande période, car nous verrons plus loin qu'il doit y en avoir plusieurs successives. Ce gonflement de la masse liquide envahissant, dans sa course impétueuse, la majeure partie des terres, a détruit, à la fin de la période falunienne, la plus grande partie des animaux européens. Plusieurs genres échappèrent néanmoins à cette catastrophe, et nous les verrons périr à leur tour, pour la plupart, au prochain retour des mers campiniennes. Tels sont, par exemple, les genres Dinotherium, Sivatherium, Mastodon, etc.

Le cataclysme qui a mis fin aux dépôts faluniens, a laissé des traces nombreuses. Le morcellement, dans le bassin de la Loire, des couches de cet étage, morcellement produit par de puissantes érosions; les cailloux et les huîtres roulées qu'on trouve généralement à la partie supérieure de ce dépôt, les faluns de la Touraine, qui ont été charriés par de violents courants, sont des signes certains de grands mouvements dans les eaux à cette époque de l'histoire de la terre.

C'est ici où la plupart des géologues placent l'étage subapennin qui ne peut être conservé pour notre hémisphère, attendu que l'étage subapennin n'a été créé que sur une exception, sur un fait secondaire. Les dépôts dits subapennins sont presque nuls, ne provenant que de quelques relais ou échancrures de la mer falunienne. Lorsque cette mer quitta notre hémisphère, et que l'Europe se trouva émergée, la configuration des côtes ne fut pas identiquement la même qu'aujourd'hui. Quelques parties basses voisines des côtes actuelles restèrent immergées. Ainsi, un golfe resta sur Anvers, un autre sur Perpignan et un troisième sur Montpellier. En Angleterre, une partie du Suffolk demeura sous le niveau des eaux, ainsi que toutes les terres basses formant l'immense vallée du Pô. Alexandrie, Pavie, Plaisance, Crémone, Mantoue, Modène et Ravenne restèrent mers, de même que Saint-Nicolas, Hulst, Axel, L'Ecluse, Goes, Middelbourg et Flessingue, qui indiquent l'emplacement du golfe d'Anvers, au milieu duquel s'élevait la petite île de Calloo. Les dépôts de la mer Campinienne et les alluvions terrestres ont depuis exhaussé le sol et fait disparaître ces différents golfes. Ainsi, sur les localités que nous venons d'indiquer, la mer a séjourné au-delà de trente mille années avec continuité, et ce laps de temps énorme explique l'importance des dépôts de la Lombardie qui atteignent sur certains points jusqu'à 600 mètres de puissance. Cette région se trouvant à l'abri des grands courants et des érosions, présente souvent les coquilles fossiles intactes et dans leur position normale d'existence. M. A. d'Orbigny est obligé de reconnaître que les coquilles *subapennines* de l'Astezan, se lient avec les coquilles faluniennes de la même localité, d'une manière insensible et sans démarcation distincte de deux étages : « pour nous, dit-il, ce mélange s'est formé par le seul fait de la *superposition immédiate, sans couches intermédiaires*, de l'étage subapennin sur l'étage falunien, ce qui a mélangé les restes organisés fossiles de l'étage inférieur avec les restes organisés de la faune de l'étage subapennin *sans laisser de limites bien tranchées entre les deux.*[1] »

Le crag de Suffolk et d'Anvers n'indiquent donc pas plus un étage géologique que l'argile d'Ostende ou les buttes de Saint-Michel-en-l'Herm dont nous aurons occasion de parler à l'époque moderne ou contemporaine. MM. A. Toilliez et Ch. de Beaulieu regardent les trois divisions du crag d'Anvers, en crag supérieur, moyen et inférieur, comme trois manières d'être d'une même formation.

[1] Pal. et Géol. str., t. II, p. 787.

« Les différences que l'on observe, disent-ils, tant dans le volume des matériaux, que dans leur composition et dans les fossiles qu'ils renferment, nous semblent suffisamment justifiées par l'existence *de courants en sens divers*, charriant aussi des matières de provenances diverses, et créant, soit par *leur intensité*, soit par *la température de leurs eaux*, des conditions variées d'existence pour les animaux marins. [1] »

On ne peut mieux appuyer la théorie de M. Adhémar, car les 21,000 ans pendant lesquels les couches du crag se sont déposées, renferment deux grands mouvements des mers en sens opposé, ainsi que des profondeurs et des températures diverses pour les eaux de notre hémisphère.

Des relais de la mer falunienne occupèrent, comme aux périodes précédentes, des dépressions nombreuses de son ancien lit. Les dépôts de ces lacs ont été observés sur plusieurs points de la France, entr'autres dans le département des Landes et dans le Tarn.

Nous voici dans la période d'émergement de l'Europe qui a précédé la dernière mer boréale, la mer campinienne. Pendant ces dix milles cinq cents années de tranquillité une faune grandiose, colossale, couvre les terres de tout l'hémisphère nord et de l'Amérique du sud. L'homme n'existe pas encore, et les mammifères, arrivés à leur plus haut degré de développement, remplacent les gigantesques reptiles des époques secondaires et règnent sur le globe en dominateurs. Nos contrées sont occupées par les éléphants, les mastodontes, les rhinocéros, les hippopotames, les dinotherium, les singes, les carnassiers du genre félis, les hyènes, l'ours des cavernes, le grand cerf à bois gigantesque, le bœuf, le cheval, etc. Le continent américain est habité par l'étrange famille des mégathérides, aux formes plus massives que l'éléphant, les tatous monstrueux et leur redoutable

[1] Mémoire sur les ter. tert. de la Belgique, trad. de S. Ch. Lyell, pp. 25 et 26.

ennemi le tigre à canines en poignards de neuf pouces de longueur. Les plaines de l'Inde nourrissent le grand Sivatherium aux quatre cornes et la tortue colossale si bien nommée *colossochelys atlas*. Enfin au nord de la chaîne du Thian-Chan, sur les versans des monts Altaï, et sur les plateaux et les plaines de l'Asie centrale, errent d'innombrables troupeaux d'éléphants couverts de laine, ainsi que le Rhinocéros du nord également couvert d'une épaisse fourrure.

C'est cette faune si remarquable qui fut en grande partie détruite par le dernier retour des eaux venant du sud, il y a environ 14,500 années à partir de l'époque actuelle; mais les faits vont présenter un intérêt toujours croissant, et il est nécessaire que nous les développions avec des détails plus précis.

Il y a 21,600 années environ, le maximum du froid dans l'hémisphère austral avait produit le maximum d'extension de la glacière antarctique. D'après ce que nous avons vu précédemment, il faut se rapprocher de nous de 7,100 ans pour trouver l'époque la plus approximative de la grande débâcle de cette glacière et du terrible cataclysme qui en résulta. Il y a donc 14,500 ans environ que les mers revinrent sur notre hémisphère. A cette époque, les régions boréales se refroidissaient déjà depuis plus de 7,000 ans, et les limites de notre coupole de glace polaire devaient atteindre la Laponie. C'est dans ces conditions qu'eut lieu l'immersion violente de la plus grande partie de nos continents. Les traces de ce grand déluge sont nombreuses, bien que le dernier des dépôts marins de la série géologique soit venu les recouvrir. Nous n'avons pas à nous répéter ici sur les formidables effets du retour des masses océaniques. La faune et la flore de cette époque furent en grande partie détruites, et les grands mammifères couvrirent de leurs débris les contrées atteintes par les eaux. C'est en vain qu'on s'était demandé pourquoi ces débris s'étaient accumulés en si grand nombre sur certains points déterminés. La théorie de M. Adhémar est venue permettre l'explication de ce fait important. Que l'on jette les yeux sur la carte orographique de l'Europe. La chaîne de l'Apennin s'infléchit vers l'ouest, au nord de Florence, et enveloppe le val d'Arno supérieur. Un courant océanique venant du sud, et passant sur le Sahara, s'engouffra entre l'Atlas et la Sardaigne d'un côté et la Sicile de l'autre, et, balayant les terres basses de l'Italie occidentale, en roula les animaux vers le nord; ces cadavres rencontrant au val d'Arno, la barrière infranchissable des Apennins, s'accumulèrent dans ce vaste ossuaire. Une autre branche du courant, roulant entre l'Italie et la Dalmatie, transporta les cadavres dans la vallée du Pô, et là, arrêtés par les Alpes, ils jonchèrent de leurs débris les plaines de la Lombardie. En Grèce, à Pikermi, autant qu'on peut en juger par les cartes imparfaites que nous avons consultées, le fameux gîte à mammifères que nous croyons de la même époque, se trouve dans des conditions topographiques analogues à celle de l'Arno et de la Lombardie. En Asie les eaux venant du sud balayèrent les vastes plaines de l'Inde et en accumulèrent les animaux contre les monts Siwalik qui forment les contre-forts méridionaux de la chaîne de l'Himalaya. Au nord de cette chaîne, on ne signale point d'ossements; les innombrables éléphants laineux et les rhinocéros qui peuplaient l'Asie centrale, et que les savantes recherches de MM. Owen et Brant ont démontré avoir habité un climat froid, ont été transportés jusque dans la mer glaciale, et leurs ossements couvrent le nord de la Sibérie. Les eaux les ont surtout roulés dans les dépressions où coulent aujourd'hui les fleuves de cette contrée. Tous ces phénomènes contemporains ont eu lieu, comme on le voit, du sud au nord. L'isthme du Pas-de-Calais a dû exister encore pendant la période d'émergement qui a précédé cette catastrophe, et permettre ainsi la migration en Angleterre, des mastodontes, éléphants, rhinocéros, bisons, ours, du cervus megaceros, etc., dont les débris se trouvent dans les dépôts quaternaires de cette contrée. Ce serait donc à l'arrivée de la mer campinienne, qui a détruit la majeure partie des grands mammifères, qu'il faudrait attribuer la rupture de l'isthme; ce grand fait daterait ainsi de 14,500 années environ.

On trouve des débris d'éléphants depuis le 40° de latitude nord jusqu'aux îles de la mer glaciale vers le 75°. Cuvier fait la remarque que les ossements de ces grands animaux sont presque toujours dispersés. Il n'a pu en être autrement. Quelques semaines suffisent pour amener la décomposition putride, et il a fallu vraisemblablement un temps fort long comparativement, après un tel cataclysme, pour que le désordre des eaux cessât et qu'un mouvement réglé s'établît. On ne doit pas perdre de vue non plus, qu'au dernier déluge, c'est-à-dire au départ des mers campiniennes, des espèces non encore éteintes et des ossements remaniés ont été roulés vers le sud avec le diluvium.

Quant à la flore contemporaine des éléphants (*E. primigenius*), engloutie par le même cataclysme, on la retrouve partout dans les lignites supérieurs, dans les tourbières anciennes, dans certains *braunkohles* des allemands, dans une partie des forêts souterraines, si nombreuses dans notre hémisphère.

M. D'Archiac fait remarquer, au sujet du vaste dépôt d'argile (E. falunien) du nord de l'Allemagne, que les lignites se trouvent constamment au-dessus, associés à un sable fin très constant et bien caractérisé. Ce sont, évidemment, les végétaux noyés par le retour de la mer campinienne et les sables déposés ensuite par cette mer. Dans l'Inde, dans l'Amérique du Nord, on a trouvé des forêts sous le diluvium, lequel n'est autre chose que la partie supérieure des dépôts de la mer campinienne [1].

Les traces de l'arrivée de la dernière mer, par les corps inorganiques, sont également manifestes. Les cailloux de l'Ardenne

[1] Nous avons adopté la dénomination de *mer Campinienne*, comme un hommage à la mémoire de l'illustre géologue que la Belgique a perdu. Nous ne pouvions appeler cette mer *Subapennine*, car cet étage n'est qu'imaginaire; ni *Diluvienne*, puisque les sept mers Tertiaires sont également diluviennes; ni *Quaternaire*, parceque cette qualification eut manqué de précision. Nous avons pensé que Soissons ayant donné son nom à un étage et Paris à un autre, le système Campinien, décrit par M. Dumont, pouvait être pris pour type de l'étage le plus récent.

ont été roulés au nord jusque sur la Campine, où on les retrouve sous les sables campiniens. Sur les côtes du Cumberland, des blocs provenant des chaînes Cambriennes et du Lancashire, ont été observés empâtés dans un limon résultant de la désagrégation d'anciennes roches. Tous ces blocs ou cailloux qui ont été violemment roulés du midi au nord, doivent se rapporter au dernier mouvement des eaux vers le pôle nord.

A l'époque Quaternaire, suivant M. D'Archiac, « la dispersion des matières transportées au loin a été interrompue par un intervalle de repos, lorsqu'une partie de la région septentrionale (Amérique du Nord) était plus basse qu'aujourd'hui de 152 mètres. » Ou les eaux plus hautes de 152 mètres. C'est bien là le *retour* et le *séjour* des mers campiniennes ; mais comme on le voit, c'est toujours l'écorse solide qu'on met en mouvement.

Avant de nous occuper des dépôts campiniens sur les contrées septentrionales, jetons un regard rapide sur l'autre hémisphère.

Lorsque la rupture de la grande glacière australe eut lieu, il y a 14,500 ans, et détermina l'avant-dernier déluge, ses débris furent entraînés vers l'équateur par le mouvement des eaux. Les phénomènes de transport de blocs erratiques et de limon se produisirent absolument comme 10,000 ans plus tard sur notre hémisphère, mais en sens inverse. Dans l'Amérique du sud, les glaces furent arrêtées par les montagnes du Brésil et de Bolivia, et déposèrent l'argile des pampas et les blocs erratiques, appportés du sud, sur la Plata et le Paraguay. L'opinion de M. A. d'Orbigny, qui croit avoir reconnu le limon pampéen sur le haut plateau de Bolivia, est contestée par M. Darwin, qui regarde comme plus probable, que la ressemblance des caractères minéralogiques de ces dépôts, est due à l'analogie de composition des roches d'où ils proviennent. Si dans le nord, le limon hesbayen, dont nous parlerons, ne porte que l'humus, parce qu'il est postérieur au dernier déluge, le limon des pampas, qui est antérieur à cette catastrophe, est le plus souvent recouvert par des sables et des cailloux qui ont été charriés par des courants énergiques dans la direction N. S.

« Il est remarquable, dit M. D'Archiac, au sujet du terrain erratique, que dans l'hémisphère sud, depuis le 41.ᵉ degré jusqu'au cap Horn, on trouve le même phénomène que dans les parties septentrionales de l'ancien et du nouveau monde, et de plus, avec des limites semblables [1]. »

A mesure qu'on se rapproche des régions tropicales, les blocs erratiques disparaissent, et on n'en a guère constaté dans la bande immense comprise entre le 35.ᵉ degré de latitude nord et sud. On sera donc bien obligé d'admettre que le phénomène erratique européen n'est pas un fait unique et isolé, mais bien un phénomène alternatif et périodique, propre aux deux pôles de la terre; à moins que l'on ne prétende que les blocs du nord ont franchi l'équateur pour aller se déposer sur les régions de l'autre hémisphère.

Mais abandonnons ces faits pour y revenir avec plus de détails, et voyons qu'elles ont été les dépôts de la dernière mer, méconnus généralement, et amoindris sous les dénominations de *diluvium*, *terrain de transport*, *drift*, *dépôts terrestres*, *alluvions anciennes*, etc.

La partie supérieure du dernier dépôt marin, balayée par le dernier grand mouvement des océans vers le sud, constitue seule le diluvium ou dépôt de transport; et chaque étage tertiaire présente le même diluvium, comme nous l'avons vu. Là où ce dépôt a peu de puissance, ou ne présente qu'une couche roulée, c'est que les érosions ont été plus violentes. Là où il manque, (au-delà bien entendu de la limite des anciens rivages), c'est qu'il a été emporté, et en cela, le dernier dépôt des mers ne présente que ce que l'observation a déjà constaté aux étages tertiaires antérieurs.

Nous voyons d'abord, en Angleterre, le dépôt dit de transport, composé de sables, de graviers et d'argiles nous offrir, suivant les localités, des épaisseurs variant de 20 à 100 mètres, et présen-

[1] Histoire des progrès de la géologie, t. II, p. 406.

tant souvent une stratification distincte. En Suède, le diluvium se superpose fréquemment à des argiles et des vases coquillères; la Hollande est recouverte par plus de 100 mètres de sables et d'argiles contenant quelques coquilles marines d'espèces récentes; citons ensuite les sables supérieurs de la Westphalie, de la basse Saxe, des plaines de Posen, de la Vistule; les lambeaux tertiaires supérieurs de la Finlande; les sables des steppes de la Russie, de la Caspienne; le *geest* du nord de l'Allemagne; le terreau noir du sud de la Russie d'Europe et le *regur* de l'Inde, probablement produits par la couche de végétaux herbacés qui couvraient ces plaines immenses, et que la mer recouvrit sans les effets destructeurs résultant des détroits et des gorges des pays accidentés; les sables de la Campine qui s'étendent jusqu'à Bruxelles, traversent les Flandres en s'enfonçant sous les alluvions de l'Escaut et l'argile d'Ostende dont nous parlerons; les sables des landes de Gascogne, et les sables supérieurs qui recouvrent la plus grande partie de la France[1]; les terrains quaternaires de la Bresse, de l'Auvergne, de la vallée du Rhin, de Perpignan, de Montpellier, de la vallée du Rhône, de la Lombardie, de la Bavière, de l'Autriche, de la Hongrie, de la Bessarabie, de la Turquie, de la Grèce, de l'Italie, de la Sicile, de la Sardaigne, etc., etc. Nous nous arrêterons, car on voit déjà que les dépôts de la mer Campinienne ne sont pas moins étendus sur l'Europe que les autres dépôts tertiaires et

[1] La carte géologique de France, de M. Elie de Beaumont, porte des terrains *miocènes* à peu près sur tout l'espace où nous figurons les mers; mais cette carte remarquable n'indique aucun lambeau *quaternaire* ou *nouveau pliocène* sur une grande surface de la France centrale. Nous avons recherché dans les documents sur la géographie physique de ce pays, quelle était la nature du sursol des seize départements prétenduement dépourvus de terrains quaternaires, et nous avons trouvé, qu'ils présentaient ensemble une superficie de 2,464,000 hectares de sol *sablonneux*, *landes et bruyères*. On ne prétendra pas que tous ces sables supérieurs sont *miocènes*. Nous croyons que la plus grande partie appartient au dépôt de la mer Campinienne.

qu'ils occupent les mêmes bassins. Il est bien temps de considérer cet étage pour ce qu'il est, et non comme un amas de matières transportées on ne sait d'où ni pourquoi, ou de dépôts terrestres, ce qui n'a pas de signification réelle, la terre ne déposant rien sans les fleuves, les lacs, les glaces ou les mers. Si l'on ne trouve pas de coquilles marines dans les sables des landes et de la Campine, par exemple, c'est que par la profondeur des eaux sur ces régions, ou la nature du fonds, elles n'y ont pas vécu, ou bien qu'elles ont été balayées et transportées. Ce sont là des faits à examiner. Les testacés fossiles, nous ne craignons pas de le dire, sont aussi souvent remués et changés de place, que déposés au véritable lieu d'habitat, où ils ont vécu. Il y a donc lieu d'user d'une grande circonspection dans l'appréciation des faits basés sur la présence de coquilles fossiles. Il en sera de même pour les ossements des mammifères. De ce que les courants nord-sud ont roulé des ossements dans les sables de la Gascogne, il n'en résulte nullement que ce soit un dépôt terrestre. Mais il se présente ici une observation d'une haute importance. Est-on suffisamment fondé à croire, par exemple, parce que le gîte de Pikermi, en Grèce, renferme des débris de Giraffes, qui n'habitent que les contrées tropicales de l'Afrique, qu'elles ont vécu en Grèce à une époque beaucoup plus froide qu'aujourd'hui, et rapprochée de la période nommée *glacière* par les géologues? N'est-il pas plus naturel de penser que la Grèce, se trouvant sur les méridiens du Sahara oriental, les courants océaniques marchant, il y a 14,500 ans, du sud au nord, ont balayé ces régions africaines et transporté des cadavres d'animaux jusqu'en Morée? Si on ne trouve pas d'ossements de Giraffes en France, à Cucurron, etc., c'est que la chaîne de l'Atlas les a arrêtés. Les revers méridionaux de cette chaîne doivent présenter, si nous sommes dans le vrai, de nombreux débris de mammifères, ce que l'on pourra peut-être vérifier un jour.

Mais revenons aux dépôts campiniens.

« Dans le nord de l'Europe, dit M. Beudant, les argiles, avec ou sans blocs, paraissent aussi former la base du diluvium, et sont recouvertes par des sables *qui renferment des coquilles des mers glaciales.* C'est encore quelque chose d'analogue que les dépôts d'argile bleue avec graviers et de sables avec blocs de diverse nature et coquilles *des mers du nord*, qui forment la base du Danemarck et qui se prolongent dans les plaines du Mecklembourg, de la Prusse, du Hanovre, en se joignant aux sables et autres débris roulés modernes qu'on nomme *geest* dans toute la partie occidentale de l'Allemagne. Plus loin sur les côtes de la mer Blanche et de l'Océan glacial il existe des bancs considérables de sables remplis de coquilles des mers arctiques avec des débris d'éléphants et d'autres grands animaux. Enfin les *innombrables* plages soulevées, qu'on rencontre *partout*, renferment les mêmes débris organiques et paraissent dès lors appartenir au diluvium[1]. »

Puisque nous en sommes aux *innombrables plages soulevées*, examinons cette espèce de boursoufflement prétendu de tout un hémisphère de notre globe.

Nous commencerons par le nord, et par la Suède qui a fait le sujet de tant de controverses scientifiques. Malgré les doutes émis, et la découverte récente de marées dans la Baltique, nous croyons, avec M. Lyell, qu'une partie de la Suède a éprouvé depuis quelques siècles, certains mouvements d'exhaussement, et que ce massif de couches de transition, a été sujet, à diverses époques géologiques, de mouvements variables. « Le même district, dit M. Lyell, peut pendant plusieurs siècles éprouver une dépression, puis un nouveau soulèvement. » M. Keilhau pense que le soulèvement d'une partie de la Suède est dû à des chocs de tremblement de terre faibles, mais souvent répétés, ce qui s'accorderait avec l'opinion de MM. Lyell et Darwin sur le soulèvement lent des chaînes de montagnes. Quoiqu'il en soit, un fait a été bien constaté, c'est l'existence de coquilles marines et des altitudes plus ou moins considérables au-dessus

[1] Géolog., p. 261.

du niveau des mers actuelles. Notre tâche, faisons le bien remarquer ici, présente des difficultés sans nombre. Toutes les explorations, études ou observations géologiques que nous sommes obligés de consulter, ont été faites avec cette idée préconçue, de l'immutabilité du niveau des eaux et de la mobilité extrême de la croûte solide. On conçoit, qu'au milieu de ces observations, bien des détails et des circonstances intéressants, au point de vue de la nouvelle théorie, ont été négligés. On n'a vu toujours dans les coquilles émergées que des effets de soulèvements, et on n'a cherché rien au-delà. Ainsi, par exemple, nous ne pouvons savoir, le plus souvent, si des coquilles observées à diverses hauteurs, appartiennent à la faune littorale ou à une faune profonde, et si ces coquilles étaient au lieu de leur habitat, ou bien avaient été roulées. Ces particularités sont pourtant d'une importance majeure. M. Keilhau nous apprend que les dépôts d'argile et de sables *coquilliers* de Norwège atteignent une altitude de 200 à 240 mètres, mais il ne nous dit pas les noms ni les conditions de gisement de ces coquilles. Or puisque la station de certains mollusques atteint 200, 300 et jusqu'à 400 mètres de profondeur dans les mers actuelles, il en résulte que la surélévation des eaux de l'océan glacial aurait pu attteindre, pendant la période campinienne, jusqu'à 500 et 600 mètres d'altitude au-dessus du niveau actuel, et il ne nous en faudrait pas autant pour appuyer la nouvelle théorie. Mais il existe d'autres observations qui, si elles ont été scrupuleusement faites, établiraient un niveau des eaux à 158 mètres d'altitude. Ainsi, dans la province de Drontheim, on a observé, à cette hauteur, des accumulations de coquilles d'espèces vivantes sur le littoral voisin. Elles devraient être au moins à 3 ou 400 mètres pour concorder avec la théorie de M. Adhémar, si on regardait la Suède comme immobile. Mais a-t-on poussé les explorations jusqu'à la hauteur de 400 mètres? c'est ce que nous ignorons. Sans entrer ici dans le détail des explorations de MM. De Buch, Brongniart, Lyell, Bravais et autres naturalistes dans cette Péninsule, ni des diverses altitudes auxquelles des testacés marins ont été observés, nous parlerons d'un autre fait important qui nous fait penser que la Suède a pu éprouver des mouvements assez considérables en divers sens, et variables d'un point à un autre. Ce fait, c'est l'absence de couches tertiaires sur cette contrée. Faisons toutefois nos réserves, et disons que cette absence n'est toujours qu'une preuve négative. Rien ne prouve aujourd'hui que de nouvelles recherches ne feront pas découvrir des terrains tertiaires sur cette région. M. Forchhammer regarde même les *œsars* du centre et du sud de la Suède comme des dépôts stratifiés, continus dans l'origine, et ravinés ou découpés ensuite, mais il nous laisse dans le vague quant à l'âge de ces dépôts. Nous envisagerons donc la Suède comme ne portant sur ses roches anciennes, que des dépôts campiniens et erratiques.

Ici malgré notre répugnance pour les hypothèses, nous sommes obligés d'y recourir. On ne nous accusera pas au moins d'en abuser. Nous pensons donc comme MM. D'Archiac et Daubrée, que certaines parties de la Suède et de la Norwège ont été, dans les derniers temps géologiques, beaucoup plus élevées qu'aujourd'hui et qu'après s'être successivement affaissées et avoir reçu les dépôts quaternaires, elles ont repris de nos jours un mouvement ascendant. Outre l'absence des couches tertiaires, l'observation, par M. Daubrée, de roches striées à une assez grande profondeur dans la mer actuelle, viendrait donner plus de vraisemblance encore à l'hypothèse que nous présentons.

M. Forchhammer a signalé dans le Danemarck, le Schleswig et le Holstein, des bancs de coquilles récentes à des hauteurs considérables au-dessus du niveau de la mer. MM. de Verneuil, Murchison et de Keyzerling, ont rencontré à 100 lieues au sud-est de la mer Blanche, des couches marines contenant des bancs de coquilles d'espèces vivantes dans la mer du nord. M. Prestwich a signalé à Blackpot et à Gamerie (Écosse), à une altitude de 106 mètres, des couches présentant l'aspect d'un dépôt tranquille de 76 mètres de puissance et renfermant des coquilles récentes. Dans le Lothian, le dépôt de transport varie de 20 à 40 mètres d'épaisseur et il atteint 225 et jusqu'à 300 mètres d'altitude. Dans le Devonshire on trouve des coquilles d'espèces récentes à 180 mètres ; et dans le Fifeshire, une argile ferrugineuse tenace atteint 250 mètres d'altitude. Le diluvium aux environs de Manchester présente 25 mètres de puissance et s'élève jusqu'à 165 mètres au-dessus de la mer. Dans le pays de Galles, des coquilles d'espèces encore vivantes, situées à plus de 400 mètres, indiqueraient, pendant les époques tertiaires supérieures, des mouvements ascendants dans ce massif de terrains anciens. Près de Kertsch, des couches coquillères, situées à une altitude de 170 mètres, ont été décrites par M. de Gourieff. En France, dans l'Allemagne centrale, sur certains points de la Sardaigne, de l'Italie, de la Sicile, de l'Algérie, du Piémont, de la Dalmatie, de la Grèce, de la Crimée, etc., des couches quaternaires ont été observées, le plus souvent avec coquilles modernes, à des altitudes plus ou moins considérables. « Les mêmes phénomènes, dit M. D'Archiac, que M. Hommaire de Hell avait observés sur les côtes septentrionales de la mer Noire, ont été reconnus par lui sur le littoral de la Bulgarie, de la Romélie et de l'Anatolie. Partout il existe des traces d'une plus grande élévation dans les eaux de la mer Noire, traces qui se composent de dépôts modernes, tous à peu près à la même hauteur (25 à 50 mètres), et renfermant des coquilles qui vivent encore sur la côte. Aussi le savant voyageur admet-il l'ancienne fermeture du Bosphore, puis sa rupture, de préférence à un soulèvement complet et régulier de tout le périmètre du Pont-Euxin et de la mer d'Azof [1]. »

Ainsi sur presque tous les points de l'Europe, depuis l'Ecosse jusqu'à la Caspienne, jusque dans l'Inde et la Chine même, se montrent les traces évidentes d'une mer récente, dont le niveau différait de plus de 200 mètres avec le niveau des mers boréales actuelles; car nous ne devons jamais perdre de vue que si, par exemple, une couche située à 100 mètres d'altitude contient des coquilles qui habitent une zône aqueuse de 100 mètres

[1] Hist. des prog. de la Géol., t. II, p. 302.

de profondeur, la mer sur ce point a atteint 200 mètres au-dessus des mers actuelles.

Suivant l'opinion de plusieurs géologues, tout le massif de l'Angleterre a été soulevé pendant l'époque quaternaire. Mais a-t-on bien réfléchi aux conséquences d'une hypothèse qui assigne comme *cause principale* des grands phénomènes géologiques, des soulèvements de la croute terrestre? Dans ce cas ce ne serait pas seulement le massif d'Angleterre qui se serait soulevé récemment, mais la plus grande partie de l'Europe, de l'Asie et de l'Amérique du nord!

Nous venons de citer l'Amérique du nord. Le terrain quaternaire y présente une puissance de 30 à 50 mètres, et une altitude moyenne de 120 mètres: « M. T. Roy qui a étudié les terrasses des bords du lac Ontario, assure que leur plus grande hauteur au-dessus du lac est de 232 mètres, ou leur altitude de 303 mètres. Ainsi les eaux de cette mer intérieure atteignaient au moins 303 mètres au-dessus de l'Océan actuel. »[1]

Les terrasses indiquant d'anciens niveaux des mers, peuvent être d'un grand secours pour retrouver les altitudes anciennes des eaux. On les a nommées en Angleterre *parallel-roads*, et l'Ecosse en présente qui sont situées à 296 mètres et jusqu'à 560 mètres d'altitude. On en a observé aussi en Norwège et sur les versants des Andes du Chili. Nous reparlerons de ces terrasses.

Quant aux lacs nombreux de l'Amérique du nord, leur altitude considérable est un fait significatif. Nous donnons ci-dessous ces altitudes.

Lac supérieur	215	mètres.
Id. Michigan	200	id.
Id. Huron	198	id.
Id. Winipeg	196	id.
Id. Erié	172	id.
Id. Ontario	77	id.
Id. Champlain	28	id.

[1] D'Archiac, Histoire des progr. de la Géol., t. II, p. 352.

Si l'on prétend que ces lacs n'indiquent pas des relais de la dernière mer, et que leur formation n'a eu d'autres causes que leurs affluents, nous demanderons quelle puissance a élevé, dans l'Asie centrale, les eaux des lacs Soum, Tchan et Oubinsk, qui n'ont pas d'affluents, et qui, suivant M. De Humboldt, se trouvent situés à plus de 100 mètres du niveau des mers glaciales ? [1] On nous répondra probablement que toute l'Asie centrale *s'est soulevée* de 100 mètres. Mais alors qu'on nous explique l'existence du grand lac *salé*, exploré par M. Frémont, sur le versant des montagnes rocheuses, à une altitude de 1280 mètres au-dessus du niveau de l'Océan pacifique. Prétendra-t-on que cette masse d'eau, vraisemblablement marine, a été élevée à une telle hauteur et sans se déverser, par le soulèvement seul de la chaîne des montagnes rocheuses ? Ce serait la plus belle preuve qu'on pourrait nous fournir des soulèvements lents et graduels. Si l'on croit que le gonflement des eaux marines au moment de la grande débâcle ne peut atteindre 1280 mètres, on pourra admettre des surélévations dans la chaîne des montagnes rocheuses, mais alors le fait ainsi présenté devient possible et admissible à la raison.

Nous savons bien que quelques auteurs croient avoir trouvé la cause de la salure des lacs, dans des couches de sel gemme qui formeraient le fond de leur lit. Cette assertion n'a d'autre valeur que celle d'une hypothèse ingénieuse, et il faut des faits pour réfuter des faits.

Suivant une tradition mongole, la partie basse du désert de Gobi, vers Erghi, formait jadis le lit d'une mer de plus de 100 lieues de diamètre. La croyance existe parmi ce peuple, que l'Océan doit revenir un jour occuper son ancien lit. On y rencontre de petits lacs salés et des plantes identiques pour la plupart à celles qui bordent la Caspienne. [2]

Nous ferons remarquer l'analogie de latitude et d'altitude du

[1] Voir la carte de l'Asie centrale dans les tableaux de la nature.

[2] Humboldt. Tableaux de la nature, t. I, pp. 95, 96, 97.

Gobi, qui est élevé de 800 à 1200 mètres au-dessus des mers, avec l'Espagne qui est aussi très élevée. Le grand lac du Gobi et les grands lacs d'Espagne n'ont été que des relais des mers après chaque débâcle.

Citons enfin le lac Aral, élevé de 10 mètres au moins au-dessus de la mer Noire, tandis que la Caspienne est à 25 mètres au-dessous. Ici le système des soulèvements devient gênant, car, il faudrait soulever le sol sous l'Aral, et l'affaisser sous la Caspienne qui est si voisine. De plus, comme il existe vers les rivages de ces mers des bancs de coquilles récentes, à 50 et 65 mètres au-dessus du niveau de la mer d'Aral, il faudrait recourir à une telle complication d'hypothèses, que nous renonçons à les rechercher. Il n'est nul besoin de tous ces faits de soulèvements impossibles, pour expliquer les niveaux de l'Aral, de la Caspienne et des bancs de coquilles. Nous allons démontrer, espérons nous, que ces faits se sont accomplis de la manière la plus simple et sans aucun mouvement dans la croûte terrestre.

Suivant M. de Humboldt, avant les temps historiques, mais à une époque très rapprochée des dernières révolutions du globe, la mer d'Aral peut avoir été comprise dans le bassin de la Caspienne, et avoir formé avec celle-ci, un tout communiquant d'un côté avec le pont Euxin, et de l'autre avec la mer Glaciale. [1] Les nombreux lacs salés de Crimée, visités par M. de Verneuil, ceux de l'Asie-Mineure, des environs de la Caspienne et de l'Aral, de la Syrie, ainsi que les lacs amers et la mer Caspienne elle-même, ne sont que des restes de la mer Campinienne, et les bancs de coquilles situés aujourd'hui à 40 mètres au-dessus de la Caspienne, sont les habitants de la dernière mer avant le départ de la masse des Océans vers le pôle austral. Le lac Aral s'est maintenu au-dessus du niveau de la mer Noire, après la retraite des eaux, parcequ'il fut suffisamment alimenté par ses affluents. Quant à la Caspienne, tous les géologues sont d'accord sur ce

[1] Asie centrale, t. II, p. 295.

point, c'est que l'évaporation de ses eaux est en excès sur la quantité reçue par ses affluents ou par des causes météorologiques. Il suffira donc qu'on nous accorde un demi centimètre d'abaissement par année, pour trouver les 25 mètres qui se sont produits depuis l'émergement de notre hémisphère. Quarante siècles ont pu suffire, pour que cet excès d'évaporation, joint aux ensablements par les vents, et les alluvions énormes du Don, du Volga, de l'Oxus, etc., aient pu séparer la Caspienne de la mer d'Azow et de l'Aral.

« En considérant, dit M. D'Archiac, l'énorme abaissement de la mer Morte, que nous avons vu être de 419 mètres (de Bertou) ou 427 (Symonds), et la haute salure de ses eaux, M. Angelot pense que ces deux circonstances peuvent être la conséquence l'une de l'autre, et que la seconde résulterait d'une concentration par évaporation, d'une quantité d'eau de mer plus considérable que celle que le bassin reçoit de ses affluents. Cette opinion ne serait pas d'ailleurs contraire à la présence des masses de sel, que cite M. de Bertou, dans le voisinage de la mer Morte, et à la dissolution desquelles, lors des grandes pluies, ce voyageur attribue l'augmentation de matières salines entraînées dans son bassin.[1] Le lac de Tibériade, également inférieur à la Méditerranée est sensiblement salé, quoiqu'il soit traversé par le Jourdain.

D'Après M. Angelot, la mer Morte, le bassin aralo-caspien et les lacs amers, sont d'anciennes dépressions reliées entr'elles à une époque géologique peu reculée. Ce savant croit que la mer Noire, la mer Caspienne, la mer Méditerranée, la mer Rouge et la mer Morte, ne formaient qu'une seule et même mer. Diverses espèces de coquilles de la mer Morte, qui se retrouvent dans la mer Rouge et la Méditerranée, indiqueraient bien une communication entre ces trois mers à l'époque campinienne, mais nous croyons que la réunion directe du bassin Aralo-Caspien avec celui de la mer Morte est très discutable, à cause des hautes terres de l'Arménie et de la Perse.

[1] Histoire des progr. de la Géol., t. 1, pp. 298, 299.

Avant de quitter cette matière, nous ferons remarquer que l'absence presque complète de lacs dans l'hémisphère sud, et leur innombrable quantité sur les continents du nord, démontrent bien l'émergement récent de notre hémisphère, et la retraite des mers vers le pôle austral.

Le moment est venu, avant de terminer l'examen des phénomènes géologiques du nord de notre globe, de jeter un regard sur les terrains des terres australes.

Établissons d'abord ce fait, qui ressort de tout ce qui précède, c'est que, par le changement périodique des mers, chaque étage tertiaire de l'Australie ou de l'Amérique du sud, doit, chronologiquement, s'intercaler entre deux étages européens. Le synchronisme des couches géologiques du nord et du sud est donc, quoiqu'on en ait dit, impossible.

Mais objectera-t-on peut être, si le maximum d'altitude des océans existe aujourd'hui sur l'hémisphère sud, on ne devrait pas y rencontrer de terrains tertiaires émergés.

L'objection serait spécieuse et peu réfléchie.

Pendant le séjour de la mer Campinienne ou de la masse océanique sur les contrées européennes, les flancs des Alpes et des Monts Carpathes ne s'élevaient-ils pas au-dessus des eaux, et des couches tertiaires n'étaient-elles pas émergées sur leurs versants, comme on en voit sur les flancs des Andes du Chili et dans la nouvelle Galles du sud ? On voit donc bien que cette circonstance de couches tertiaires, visibles dans l'Amérique méridionale et l'Australie, n'est qu'une analogie de plus entre les deux hémisphères. La partie sud de l'Amérique méridionale a participé, à des degrés très différents, aux soulèvements successifs des Andes; faiblement vers les côtes de l'Océan Atlantique, et jusqu'à une altitude de 100 mètres sur les côtes du Chili. Des couches tertiaires supérieures, ont été ainsi émergées par des tremblements de terre et les mouvements de surélévation de cette région, depuis 15,000 ans, si ces couches sont les plus récentes, ou *post faluniennes*, ou depuis 55,000 ans, si elles appartiennent à l'avant-dernier dépôt austral. Dans la partie sud et granitique de l'Australie, il y a eu aussi soulèvement depuis un temps qu'il n'est pas possible de déterminer avant d'avoir fait de nouvelles explorations. Des couches tertiaires sont visibles dans la vallée du Murray, à une altitude de 120 mètres, mais les coquilles que renferment ces couches ne présentent aucune espèce connue dans notre hémisphère. On peut seulement conjecturer, par certaines analogies, que ces terrains sont plutôt miocènes ou pliocènes que de la période éocène. Des terrasses avec coquilles de 20 à 30 mètres seulement d'altitude, ont été observées dans la même région, dont les sables supérieurs, les graviers et les fragments de roches montrent, dit M. Strzelecki, qu'elle a été exposée a l'action destructive d'*eaux peu profondes*.

Au reste, ces mouvements de surélévations semblent être circonscrits dans la nouvelle Galles du sud. Sur la plus grande partie du continent australien, des plaines immenses de sables et de cailloux indiquent bien le passage des eaux gonflées. Ces vastes régions, suivant M. Sturf, ne paraissent guères plus élevées que le niveau de l'océan. Ces déserts, jonchés de pierres, ressemblent au lit d'un immense courant. Les plantes qui y croissent, appartiennent aux espèces voisines des eaux salées ou saumâtres, et on n'y rencontre aucun arbre fort âgé.

La nouvelle Zélande n'offre guère, en fait de couches émergées, que quelques terrasses de limon et de graviers, de 15 à 30 mètres d'altitude, produite sans doute par les volcans de cette île. Les ossements du *Dinornis*, le plus gigantesque des oiseaux, se trouvent dans le diluvium, et il a été contemporain de l'homme. Les naturels, dont il était en quelque sorte le bétail, l'ont mangé jusqu'au dernier. On a retrouvé dans une fouille une de leurs cuisines, avec une cargaison d'ossements de ces oiseaux. Nous tenons ce fait de M. Owen lui-même, qui vient de reconstruire un de ces oiseaux en entier. (*D. Elephantopus*).

On cite aux Antilles, vers le 18.e degré de latitude nord, à l'île Sainte-Croix, des couches marines avec coquilles d'espèces récentes, situées à une altitude de 90 à 120 mètres. S'il est reconnu que ces couches ne sont pas des terrasses avec coquilles transportées, l'île Sainte-Croix devra être ajoutée aux quelques régions du globe surélevées que nous avons signalées précédemment.

M. A. d'Orbigny seul, parle de coquilles marines, vues à de grandes hauteurs dans l'Amérique du sud. Ces faits demandent à être vérifiés et étudiés rigoureusement. Quelques coquilles marines, trouvées à une grande altitude, ne prouvent nullement, soit un soulèvement, soit un niveau de mer. Il faut encore qu'il y ait trace de dépôt minéralogique. Il faut observer si ces dépôts ont eu lieu tranquillement, ou si les matières qui les composent ont été entraînées; si les coquilles sont en position normale d'existence ou seulement intactes, ou roulées. Le gonflement des eaux au moment des déluges, peut, comme nous l'avons vu, soulever et déposer des débris de testacés à de grandes hauteurs, et il ne faut pas se hâter de conclure, de la découverte de quelques coquilles, que des niveaux permanents ou des soulèvements excessifs se sont produits.

Quant aux terrains de la période éocène, ils sont noyés sous les eaux depuis le dernier déluge, avec la majeure partie des continents, dont les innombrables îles de l'Océan du sud ne sont que les points culminants. Sur les points correspondants aux terres basses de ces continents, ou aux mers qui baignaient leurs rivages, les profondeurs sont énormes. Dans quatre sondages faits dans les mers australes, et cités par M. D'Archiac, la sonde munie pour le dernier, d'un poids de 400 livres, descendit à 5,142, 3,615, 5,785 et 9,145 mètres, sans atteindre le fonds!

Un des plus grands génies modernes, Georges Cuvier, a embrassé par une sorte de révélation, l'enchaînement de ces grands faits de l'histoire de la terre. Ecoutons un instant sa parole puissante, dont la vérité nous apparaît, aujourd'hui plus éclatante encore.

« Je pense, dit-il, avec MM. Deluc et Dolomieu, que s'il y a quelque chose de constaté en géologie, c'est que la surface de notre globe a été victime d'une *grande et subite révolution*, dont la date ne peut remonter beaucoup au-delà de 5 à 6,000 ans; que cette révolution a enfoncé et fait disparaître les pays qu'habitaient auparavant les hommes, et les espèces des animaux aujourd'hui les plus connus; qu'elle a au contraire mis à sec le fond de la dernière mer, et en a formé les pays aujourd'hui habités; que c'est depuis cette révolution, que le petit nombre des individus épargnés par elle, se sont répandus et propagés sur les terrains nouvellement mis à sec, et par conséquent, que c'est depuis cette époque seulement, que nos sociétés ont repris une marche progressive, qu'elles ont formé des établissements, élevé des monuments, recueilli des faits naturels et combiné des systèmes scientifiques.

« Mais ces pays aujourd'hui habités, et que la dernière révolution a mis à sec, *avaient déjà été habités auparavant,* sinon par des hommes, du moins par des animaux terrestres: par conséquent une révolution précédente, *au moins,* les avait mis sous les eaux; et si l'on peut en juger par les différents ordres d'animaux dont on y trouve les dépouilles, ils avaient peut-être subi jusqu'à *deux ou trois irruptions de la mer.*

« *Ce sont ces alternatives qui me paraissent maintenant le problème géologique le plus important à résoudre,* ou plutôt à bien définir, à bien circonscrire; car pour le résoudre en entier, *il faudrait découvrir la cause de ces événements,* entreprise d'une toute autre difficulté. [1] »

Le lecteur jugera, par le corps de preuves que nous accumulons, si cette cause est enfin trouvée.

Les traditions d'un grand déluge, conservées par les peuples européens, asiatiques et américains et jusque dans l'océan pacifique, aux îles Sandwich, prouvent que l'homme a vu ce terrible événement. Le déluge d'Yao qui eut lieu 24 siècles avant J.-C. suivant les annales historiques de la Chine, coïncide avec celui de la Genèse. Les terres australes, la nouvelle Zélande, la terre van

[1] Discours sur les révolutions de la surface du globe, p. 282.

Diemen, la nouvelle Calédonie, l'île Chatam, l'île Tonga, les îles Pomotou, les nouvelles Hébrides, les îles des Navigateurs, l'Archipel de Cook et l'Australie elle-même, ne sont vraisemblablement que les terres élevées d'un vaste continent, peut être grand comme l'Asie, dont toutes les basses terres ont été immergées. Quelques individus, réfugiés sur les plus hautes sommités, auront pu échapper au désastre, et leur isolement les aura fait retomber dans l'état sauvage. Telle serait l'explication naturelle de cet éparpillement, inexpliqué jusqu'ici, de la race humaine sur tant d'îles, souvent distantes de plusieurs centaines de lieues de toute terre. Des traces d'une ancienne civilisation, découvertes dans l'Australie, viendraient appuyer notre opinion. Nous sommes loin de vouloir résoudre ici une aussi grave question ethnographique, avant un examen plus rigoureux et des études spéciales. Il faudrait d'abord étudier les races qui peuplent ces diverses terres et en comparer les types. Si même on y trouve des types divers, ce ne serait point une raison pour rejeter notre opinion, car l'Asie ne nous présente-t-elle pas aujourd'hui plusieurs races juxtaposées et parfaitement distinctes ?

Le niveau de l'océan austral, croissant toujours en altitude en s'approchant du pôle, les terres cessent presqu'entièrement au-delà du 40.e degré de latitude sud, excepté la terre van Diemen, une partie de la Zélande et la pointe de l'Amérique. Les terres reconnues sous les confins de la grande glacière australe, vers le 65.e degré, représentent nos terres boréales antédiluviennes qui étaient situées sous une altitude analogue, telles que la Scandinavie, l'Oural, l'Islande, etc. Plus vers le pôle, dans une échancrure de l'immense coupole de glaces, s'élève au-dessus des eaux, un volcan colossal, le mont Erèbe, dont les feux souterrains entretiennent dans ce continent glacé, un golfe toujours ouvert.

Nous n'avons pas à examiner ici les hypothèses ou opinions diverses, émises sur les causes du dernier déluge. Nous croyons les connaître toutes, et aucune n'est de nature à supporter un examen sérieux. Nous n'exceptons point la théorie des soulèvements bien entendu; et nous allons voir si la logique des faits nous autorise à la rejetter, comme nous l'avons fait déjà pour les déluges antérieurs. M. Élie de Beaumont assigne pour cause au cataclysme *subapennin*, c'est-à-dire à l'avant-dernier, le soulèvement de la chaîne principale des Alpes, dont la direction est de l'O. 16° S., à l'E. 16° N. Quant à l'origine du dernier déluge, il est question, d'une manière plus ou moins dubitative, de la chaîne des Andes. M. A. d'Orbigny, lui, après avoir constaté en Patagonie un soulèvement *brusque* de 10 mètres, ce qui concorde avec notre opinion sur les mouvements successifs, et aurait dû le mettre en méfiance, M. d'Orbigny donne pour cause au déluge *subapennin*, un grand soulèvement brusque de la même chaîne des Andes, qu'il nomme *système chilien*. Après cela, il ne lui reste plus de système de montagnes pour le déluge biblique, et il se contente d'en reconnaître l'existence, sans en rechercher la cause directe. Le système le plus récent, celui du Ténare, est de l'aveu de M. Beudant, trop peu important pour avoir produit un grand déluge.

Ainsi, pour le dernier cataclysme, qui, géologiquement, date d'hier, les partisans de la théorie des soulèvements ne sont même pas d'accord, et ne peuvent s'entendre sur le système de montagnes qui l'aurait produit, ni sur la question de savoir, si ces montagnes ont été soulevées en Europe ou dans l'Amérique du sud. Mais admettons pour un instant, que le soulèvement brusque de la grande chaîne des Andes ne date que de 4,000 ans, et a produit le déluge dit de Noé, et examinons quels ont du être les effets d'une telle cause. L'axe de relèvement des Andes est dirigé dans le sens des méridiens, ou N.-S. Que produirait l'élévation subite au-dessus des eaux, d'une telle chaîne ? Evidemment un grand mouvement des eaux perpendiculaire à la direction de la chaîne, c'est-à-dire dans le sens des parallèles du globe, ou E.-O. et O.-E. Or, nous demandons comment un grand mouvement des eaux dans le sens des parallèles, aurait pu produire des transports et des érosions dans la direction des méridiens, et comment le soulèvement d'une chaîne, dans l'Amérique du sud, aurait surtout laissé les traces les mieux marquées de ses effets vers le pôle nord?

Si l'on se rejette sur le cataclysme subapennin pour expliquer les phénomènes erratiques et diluviens, on arrive à la même impossibilité : nous rappellerons que la direction de la chaîne des Alpes principales se rapproche de la ligne O.-S.-O. à E.-N.-E., ce qui aurait dû produire, pour nos contrées, des courants *marchant vers le nord*, et *dirigés du S.-S.-E. au N.-N.-O.*, tandis que ces courants *sont venus du N. et du N.-E.* Nous savons bien que les partisans de la théorie de M. Elie de Beaumont nous objecteront que nous amoindrissons cette théorie, que nous parlons d'une chaîne, tandis qu'il s'agit d'un système de chaînes, soulevées sur différents points du globe. D'abord le parallélisme des chaînes étant une des bases du système, le nombre des lignes soulevées ne changerait rien aux directions que nous venons d'indiquer pour les mouvements des eaux. Ensuite, nous nous sommes expliqués déjà sur l'invraisemblance des soulèvements instantanés des grandes chaînes, et la simultanéité de l'apparition des chaînes parallèles. Nous n'avons pas à nous répéter à cet égard.

Tout indique d'une manière palpable, que le dernier déluge a été produit par la grande débâcle de la glacière du nord, et le passage des eaux océaniques dans l'hémisphère sud. Le gonflement de la masse fluide, au moment du paroxisme de ce phénomène, a balayé la majeure partie des terres des continents américain, européen et asiatique, dévastant tout sur son passage. L'homme et une partie des animaux de cette époque, ont échappé au désastre sur les plateaux élevés de l'Inde et de la Chine, d'où ils se sont répandus depuis sur l'Europe émergée. La race humaine a-t-elle alors été détruite en Europe? C'est là une grande question que nous n'avons pas à examiner ici. Nous ferons seulement remarquer, que si l'Inde n'a pas été le berceau du genre humain, comme on l'a dit si souvent, cette région, la plus élevée de notre hémisphère, a été au moins la terre de refuge et le salut de notre race dans le nord.

Il serait difficile de préciser, pour un grand nombre d'animaux éteints, si leur destruction totale date du dernier ou de l'avant-dernier déluge. Le cheval habitait, pendant la période campinienne, l'ancien et le nouveau monde. Il a survécu au dernier cataclysme sur nos continents, mais il a été entièrement détruit, à la même époque, dans les deux Amériques. Nous n'oserions dire que le colossal megatherium (*M. Cuvieri*), a existé jusqu'au dernier déluge, mais nous pouvons affirmer que la famille des mégatherides vivait encore dans l'Amérique du sud vers cette époque, ainsi qu'une espèce éteinte de la tribu des Canides, le *speothos* (*S. pacivora*). Un véritable chronomètre géologique a été découvert au Brésil par M. Claussen, le compagnon de M. Lund. Voici quelques détails que nous tenons de M. Claussen lui-même, sur ce fait si plein d'intérêt, détails que nous avons publiés il y a quelques années, et qu'on nous permettra de rappeler ici, comme une nouvelle preuve à l'appui de notre opinion.

« Au mois de mai 1837, M. Claussen explorait la caverne qui porte le nom de *Lappa nova de salitre*, province de Minas Geraës [1]. Il avait déjà rencontré dans une galerie, quelques débris de *scelidotherium*, lorsque, poursuivant ses recherches, il découvrit une large crevasse verticale de plus de 100 pieds de hauteur, le fond de cette fente était rempli de stalagmites, de fragments anguleux détachés des parois, et d'ossements de divers animaux qui s'étaient introduits dans la caverne, et par suite de l'obscurité, avaient culbuté dans la fente comme dans une fosse aux loups. M. Claussen reconnut que les ossements gisants vers la partie supérieure, appartenaient à des espèces vivantes; mais il fit la réflexion, que si les animaux venaient de nos jours culbuter dans cette fente, il avait dû en être de même à l'époque des races éteintes, si toutefois la caverne existait alors dans les

[1] Cette province du Brésil est très haute et présente des altitudes de 8 à 900 mètres. Elle est dans l'hémisphère sud, ce que le Thibet est dans l'hémisphère nord, car il ne faut pas perdre de vue que la masse des eaux est vers le pôle austral. La caverne de *Lappa nova* est très élevée. Il est à regretter que M. Claussen n'en ait pas déterminé l'altitude.

mêmes conditions qu'aujourd'hui. Il commença donc à creuser; mais, manquant alors de bras et d'instruments, il abandonna le trou commencé, se promettant d'y revenir pour y faire des fouilles plus profondes.

Sur ces entrefaites, M. Claussen dut partir pour l'Europe, et ce ne fut que 6 ans après qu'il fut de retour au Brésil. Il n'avait pas oublié le *Lappa nova*, et il s'y rendit avec le personnel et les instruments nécessaires. Le trou, de quelques, pieds ouvert en 1837, était béant; mais son fond se trouvait recouvert d'une légère couche de stalagmite, qui attira tout d'abord son attention. Ayant enlevé cette couche, il s'aperçut qu'elle était composée de petites couches de calcaire et de petites couches d'argile, alternant régulièrement. Il y en avait exactement 6 calcaires blanches et 6 argileuses jaunes, correspondant évidemment avec les 6 années qui s'étaient écoulées pendant le voyage de M. Claussen en Europe. Il creusa successivement à des profondeurs plus grandes, et trouva la même disposition de couches alternantes. Il n'eut pas de peine, après avoir examiné la caverne, et connaissant la température du Brésil, à trouver la cause de ce phénomène intéressant. Dans la saison des sécheresses, la caverne, très sèche, dépose sur son fond, un peu de poussière ocreuse. Dans la saison des pluies, au contraire, des infiltrations se produisent, et il suinte du toit ou des parois, une petite quantité d'eau chargée de sels calcaires, qui produisent la croûte mince de stalagmites. Or, il y avait 45 pieds de ces petites couches dans cette espèce de puits, et chaque pouce renfermait, terme moyen, 30 couches doubles ou 30 années. Il a donc fallu, pour produire les 45 pieds de dépôts, une série de 16,200 années.

Au fond, se trouvait le lit d'un ancien courant semé de cailloux. M. Claussen fut curieux de constater l'ancienneté des dernières races éteintes; il les rencontra à 12 pieds de profondeur. C'étaient le *spéothos* et le *scelidotherium*. Ces animaux vivaient donc encore il y a environ 4,300 ans, et ont, par conséquent, été contemporains de la race humaine. Je manque malheureusement de renseignements sur la profondeur où furent trouvées les autres espèces éteintes. Ces espèces appartenaient aux genres *Dycotyles*, *Cervus*, *Equus*, *Glyptodon*, *Coclegenus*, *Chlamydoterium*, *Felis*, *Lepus*, un quadrumane, quelques petits rongeurs et quelques oiseaux. Il y avait des ossements aux diverses profondeurs, jusqu'au fond. Si nous connaissions les noms de ceux trouvés sur le lit de l'ancien courant, nous pourrions, avec une sorte de certitude, fixer leur âge à 16,000 ans environ.

On peut tirer de cette découverte de nombreuses conséquences. D'abord, l'Amérique méridionale existait il y a 160 siècles, sinon dans sa circonscription actuelle, au moins à l'état de grand continent, ce qu'on peut hardiment conjecturer, du nombre des genres et de l'importance de certaines grandes espèces d'animaux trouvés dans le *Lappa nova de salitre*. La température et les saisons devaient, de plus, avoir alors une grande similitude avec les saisons et la température actuelles. La terre du Brésil aurait aussi été exempte de grands cataclysmes ou de déluges pendant cette longue série de siècles... »

Voilà ce que nous écrivions, il y a une dizaine d'années, avant de connaître la théorie de M. Adhémar. Nous ignorions alors la variation de température des deux hémisphères, mais cette variation ne détruit pas l'ordre des *saisons*, et les parties élevées du Brésil ont bien été préservées, comme le plateau du Thibet pour le nord, des atteintes du dernier déluge et vraisemblablement de l'avant-dernier. Le lit de l'ancien courant, qui sert de base aux couches ossifères dans le *Lappa nova*, indique, qu'au-delà d'une antiquité de 16,000 ans, les montagnes de la province de Minas Geraës étaient plus basses qu'aujourd'hui et à portée de l'atteinte des hautes eaux des déluges, et que des surélévations postérieures ont exhaussé ces montagnes. Ce sera un fait bien important à rechercher, pour les diverses latitudes, que le maximum d'altitude qu'atteignent les eaux, au moment de leur passage d'un hémisphère sur l'autre, si toutefois ce phénomène n'éprouve pas des irrégularités et des variations plus ou moins considérables. Suivant M. Hitchcock, le phénomène erratique, (qui indique le niveau des eaux, quand toutefois il n'y a pas surélévation postérieure de montagnes), a laissé des traces de son action jusqu'à 1,220 mètres au-dessus du niveau actuel de la mer, (mont Katahdin), tandis que les sommets des montagnes blanches, qui atteignent 1,900 mètres, ont été préservés. Il faudra aussi, dans ces recherches, ne pas perdre de vue que le gonflement des eaux est plus considérable dans l'hémisphère où a lieu la grande débâcle polaire, que dans l'hémisphère opposé.

Revenons à notre contemporanéïté de l'homme avec certaines races éteintes. Il paraît évident que, de même que pour l'Asie, l'espèce humaine habitait le nouveau monde lors du dernier déluge, au moins la partie sud. Nous venons de voir que deux espèces perdues vivaient encore il y a 4,300 ans. Voici un autre fait rapporté par M. Claussen.

« Je n'ai trouvé qu'une fois, entre les ossements d'un animal d'espèce éteinte, (*Platyonyx cuvieri*), des fragments de poterie qui étaient couverts d'une couche mince de stalagmite. Le terrain ne paraissait nullement remué. L'animal était si bien conservé que même les ongles d'un pied de devant étaient encore entiers. Les morceaux de poterie se trouvaient sous et entre les ossements [1]. »

Des ossements humains ont été découverts dans six cavernes du Brésil, avec des débris d'animaux d'espèces vivantes et éteintes, mais le désordre qui règne presque toujours dans ces dépôts ossifères, ne permet pas d'établir l'âge relatif des êtres dont ils contiennent les débris. MM. Lund et Claussen n'ont pas trouvé dans ces ossements humains de différence appréciable avec ceux du type moderne des mêmes contrées.

On a trouvé des ossements humains dans les cavernes de l'Autriche et de la Belgique. Les crânes présentent une grande analogie avec ceux de la race nègre. Une tête entière (moins les

[1] Notes géologiques sur la province de Minas Geraës. Bull. de l'acad. de Bruxelles, t. VIII.

mâchoires inférieures), trouvée dans une tourbière des Flandres avec des ossements de castor, et faisant partie du cabinet de M. Verhelst, à Gand, se rapproche également davantage de la race Ethiopique que de la race blanche. Ce fait est étrange, et la théorie que nous exposons est peut-être appelée à donner la solution de questions graves et obscures. Il n'est guère possible que la race nègre ait vécu sous nos latitudes, à une époque plus froide qu'aujourd'hui, à l'époque glacière, puisqu'on l'a ainsi nommée. La Belgique et l'Autriche sont situées sur les méridiens du continent africain, la véritable patrie de la race nègre. Les courants venant du sud, n'ont-ils pas pu apporter vers le nord des cadavres d'hommes et d'animaux? on sait que par l'effet de la fermentation putride, quelques jours suffisent pour que les corps flottent à la surface des eaux. Les rares débris de lions trouvés dans les cavernes de Belgique, où le grand ours (*U. spelœus*) est si commun, ne feraient-ils pas penser que les félides, pas plus que les nègres, n'ont vécu en Belgique, et ne s'y trouvent que par l'effet d'un transport? Nous sommes loin de rien affirmer, nous soulevons une grande question sans la résoudre. Nous ferons seulement observer, que si le fait que nous soupçonnons pouvait être constaté, il faudrait faire remonter l'antiquité de la race éthiopique, sur le continent d'Afrique, à 15,000 ans au moins. Cette circonstance ne serait pas pour nous une impossibilité, car dans notre croyance, la race nègre a apparu sur la terre avant les autres races, de même qu'elle disparaîtra avant ces dernières, si tel est le sort de l'homme dans les mystères de l'avenir.

Il serait bien difficile d'affirmer, si l'homme habitait les quelques terres émergées de l'Europe, avant le déluge biblique. Ces terres étaient séparées de l'Asie par la mer. Dans les siècles qui suivirent la retraite des eaux, les populations pressées de la Tartarie et de l'Inde, envahirent les nouvelles terres de l'Orient de l'Europe, qu'ils trouvèrent ouvertes et vraisemblablement désertes. La race caucasique s'étendit aussi vers l'Occident. La Scandinavie, l'Espagne, les hautes terres de l'Allemagne étaient-elles habitées par des Aborigènes échappés au dernier déluge? C'est là une question sur laquelle des études et des découvertes ultérieures, apporteront peut être quelques lumières.

Nous n'avons pas besoin de faire ressortir ici, combien la théorie de M. Adhémar concorde avec le phénomène du creusement des roches, et des transports périodiques, dans les cavernes, des matières limoneuses et des débris d'animaux, dont un grand nombre sont roulés et usés, ce qui démontre qu'ils sont venus de loin. Les couches successives et alternantes, d'ossements et de stalagmites, n'avaient pas été expliquées jusqu'ici. Il est évident que tous les 10,500 ans, il se produit un transport et un dépôt de limon et d'ossements, lequel est recouvert pendant la période de tranquillité, d'une couche de stalagmite. M. Claussen a compté, dans une caverne du Brésil, jusqu'à sept couches d'ossements, séparées par autant de couches de stalagmites, ce qui fait remonter l'antiquité de ces dépôts jusqu'à la période tongrienne inclusivement. Des observations analogues ont été faites par M. Schmerling dans certaines cavernes de la province de Liége. Dans une note sur la caverne à ossements de Pontil, (Hérault) M. Marcel de Serres insiste sur cette remarque, « que dans cette caverne, la superposition des différentes couches de terrains d'alluvion qui recouvrent le sol, sur une épaisseur de 21 mètres, prouvent mieux que partout ailleurs ce fait *qui parait général*, savoir, que le remplissage des cavernes ossifères n'a pas eu lieu d'une manière instantanée, mais s'est opéré comme la plupart des phénomènes physiques qui se sont passés à la surface du globe, c'est-à-dire *graduellement, à des intervalles plus ou moins éloignés.* »[1]

Que l'on se garde de croire, du reste, que nous attribuons le remplissage de toutes les cavernes ossifères à une cause unique. Des causes nombreuses y ont contribué. Dans quelques cavernes, les animaux qu'on y trouve semblent y avoir vécu; dans d'autres ils doivent y avoir été entraînés par des animaux carnassiers; dans d'autres encore, comme nous l'avons vu, les animaux y sont

[1] L'Institut, 30 décembre 1857.

tombés par accident; mais il n'en reste pas moins évident, que la cause dominante est le transport par les eaux.

Nous avons maintenant à examiner cette *époque glacière*, et ce *phénomène erratique*, sur lesquels on a tant écrit sans parvenir à s'entendre. Ces faits, si controversés, sont la conséquence naturelle et forcée de la théorie que nous développons. Remarquons d'abord que l'époque glacière des géologues, se rapporte généralement à la présence des glaces transportées sur la France et le nord de l'Allemagne, et ne coïncide pas avec le maximum du froid pour notre hémisphère. Ce maximum de froid remonte à 11,100 ans, et ce n'est qu'après 7,100 ans d'accroissement lent de la température, que la grande débâcle eut lieu, c'est-à-dire il y a environ 4,000 ans. [1] Remarquons encore, que malgré cet accroissement graduel de chaleur, il faisait plus froid il y a 4,000 ans qu'aujourd'hui, et qu'il faut arriver jusqu'au septième siècle de notre ère, pour trouver une température égale à la température actuelle, puisque l'an 1248 indique l'époque la plus chaude pour l'hémisphère nord. Les faits prouvent que pendant la période campinienne, le froid était, dans nos contrées, plus intense qu'aujourd'hui. Le caractère arctique des testacés fossiles du Danemarck, de l'Angleterre, de l'Amérique du nord, etc., l'indique, et l'ensemble des faits le démontre. « En Écosse, en Irlande et au Canada, dit M. Lyell, on a remarqué que plusieurs dépôts des plus modernes, dont presque toutes et même quelquefois toutes les coquilles fossiles appartiennent à des espèces récentes, indiquent un climat plus froid que celui qui règne aujourd'hui dans les latitudes correspondantes des deux côtés de l'atlantique. » [2]

Il résulte des savantes recherches de MM. Agassiz, Martins, Desor, Decharpentier, etc., que les glaciers auraient eu, dans les

[1] Suivant les livres hébreux, le déluge remonterait à 4,200 ans. Pour éviter la confusion, nous avons conservé le chiffre de 4,000 ans, adopté par M. Adhémar. Cette différence de deux siècles ne change absolument rien aux bases premières de la théorie.

[2] Principes de Géol., t. I, p. 348.

Alpes, une extension bien plus considérable que de nos jours, et auraient même existé sur les Vosges. Pourtant, M. Élie de Beaumont déclare, qu'on ne connait dans les Alpes aucun glacier, qui, sur l'étendue d'une lieue, se meuve sur une pente inférieure à 5°. Or, un glacier partant du Mont-Blanc et s'étendant jusqu'au Jura, aurait à peine une inclinaison de 2°. M. Decharpentier a cherché à établir la prolongation des glaciers actuels des Alpes jusqu'au Jura, remplissant ainsi toute la vallée de la Suisse. « Il est impossible, dit M. Beudant, de voir des faits mieux coordonnés, plus clairement exposés, et l'on est conduit à en admettre les conséquences pour les Alpes, malgré l'énormité d'un glacier de 600 à 1,000 mètres d'épaisseur, 60 lieues de longueur, d'une surface de plus de 2,000 lieues carrées, et envoyant des branches dans toutes les vallées latérales. »

Il n'est pas besoin de recourir à de tels glaciers pour expliquer les faits. Oui les glaciers des Alpes ont été plus étendus qu'aujourd'hui, mais les eaux qui, à l'époque campinienne, baignaient les flancs des Alpes et du Jura, et occupaient la vallée de la Suisse et la vallée du Rhin jusqu'à Bâle, ont été l'agent qui a transporté les glaces dans les grandes vallées de cette partie de l'Europe, et ainsi s'explique sans efforts, la hauteur où gisent aujourd'hui les blocs erratiques provenant des Alpes.

Mais laissons ce phénomène erratique local, pour nous occuper du transport des blocs venant des régions arctiques, suivant les méridiens de la terre, et couvrant tout le nord de l'ancien et du nouveau monde.

En Europe, le terrain appelé *erratique*, ondule autour du 52e parallèle, s'arrêtant sur la pente septentrionale des terres élevées. Ainsi, d'après les savantes et laborieuses recherches de MM. de Verneuil et Murchison, en Russie, la limite de la zône erratique part, en Europe, de l'extrémité de l'Oural, contourne au nord le plateau de Waldaï, rentre par Smolensk dans une partie du grand bassin central, longe la chaîne des Carpathes, les montagnes de Silésie, de la Saxe, et du Harz; elle pénètre ensuite dans la vallée du Rhin, contourne les Ardennes au nord, et s'arrête, pour l'occident de l'Europe, au bord élevé des bassins crétacé et jurrassique d'Angleterre. Dans l'Amérique septentrionale, les glaces trouvant un passage par l'immense vallée centrale, ont transporté les blocs erratiques jusqu'à l'Ohio, vers le 58.e degré. De même que les blocs, arrachés au nord du lac Onéga, ont traversé l'emplacement de ce lac actuel pour se déposer sur les hauteurs de ces rives méridionales, de même, dans le nouveau monde, on voit, sur les côtes méridionales du golfe Saint-Laurent, des roches erratiques et des détritus venus du Labrador et de Terre-Neuve. La nouvelle Écosse porte également des blocs de grès rouge de l'île du prince Édouard, située plus au nord. Cette grande ligne est donc écrite en traits palpables et continus : elle prouve que les hauteurs ont partout arrêté les débris flottants de la grande glacière du nord, qui ont transporté les blocs enchâssés dans leur base. Les terres ouvertes et basses ont laissé passer les glaces : on ne rencontre pas un seul bloc erratique sur les vastes plaines de sable du duché de Posen, et pour en trouver il faut atteindre la frontière la plus élevée de la Pologne.

La puissante cause de ce vaste phénomène, nous venons déjà de l'indiquer. Avant de la développer, examinons succinctement l'opinion des géologues.

M. Agassiz croit qu'à une époque antérieure à la nôtre, la température de nos contrées était plus froide qu'aujourd'hui, et que le pôle était le centre d'un immense glacier. « Qu'un manteau de glace aurait recouvert, à la faveur de ce refroidissement général, toutes les régions boréales de la terre, et que cet immense glacier envoyait des blocs partout où nous les retrouvons aujourd'hui, polissant et striant les roches de la Scandinavie et de l'Amérique du nord, couvrant de vastes moraines, les plaines de la Russie, celles du nord de l'Allemagne, du Canada, des État-Unis [1]. »

[1] Revue des deux mondes, 1er septembre 1857.

On comprend que cette théorie, admissible jusqu'à un certain point pour les Alpes, ne peut plus être soutenue quand il s'agit de l'appliquer à la plus grande partie de notre hémisphère, et de prétendre que les glaces auraient pu parcourir de grands espaces, sur des plaines horizontales émergées. Il est inutile de nous appesantir davantage sur une telle impossibilité matérielle. La théorie de la *dilatation* de M. Agassiz, combattue successivement par MM. Hopkins et Forbes, est du reste abandonnée aujourd'hui.

Pour expliquer le transport des blocs erratiques, il y a, dit M. Beudant, deux théories principales, entre lesquelles se partagent les géologues : l'action des courants, soit simples, soit boueux, et l'action des glaciers, dont chacune a été défendue jusqu'ici avec outrance exclusivement à l'autre. Pour ceux qui n'ont pas pris part à la discussion, il paraît évident qu'*aucune des deux théories ne peut rendre compte à elle seule de tous les faits observés*, *sans recourir à des suppositions extraordinaires qu'on ne peut justifier,* et que viendra un jour *une théorie unique, où chacune des deux autres aura sa part véritable.* C'est ce que quelques savants ont déjà tenté, mais sans trop de succès, probablement parce qu'on ne connaît pas encore suffisamment les détails, et qu'on ne sait pas même exactement *qu'elles sont les bases* par lesquelles on doit commencer leur étude définitive [1]. »

Ce pressentiment remarquable de M. Beudant s'est-il accompli, et les bases sont-elles demontrées? C'est ce dont le lecteur jugera.

Indépendamment de la cause originelle du transport des blocs erratiques, à l'époque dite *diluvienne*, le niveau considérable des eaux nous sera démontré une fois de plus, par les hauteurs où gisent une partie des blocs. « Les terrains diluviens, dit ailleurs M. Beudant, annoncent fréquemment d'*immenses transports*, des

[1] Géologie. Paris 1854, p. 267.

accidents d'érosion dont nos rivières sont aujourd'hui incapables. Ils se trouvent *à des niveaux que les eaux actuelles ne peuvent atteindre*, sur des étendues qu'elles ne peuvent couvrir.... »

Dans le Lothian, on voit des blocs erratiques jusqu'à une hauteur de 400 mètres. Sir J. Hall a estimé que le courant violent qui a entraîné ces blocs devait être à 560 mètres au-dessus du niveau actuel de la mer, et que plus tard les eaux devinrent tranquilles, puis s'abaissèrent, car les sables et les argiles fines sont à une moindre élévation.

Citons ici un passage du rapport de M. Élie de Beaumont, sur le mémoire de M. Durocher, membre de la commission scientifique, envoyée en 1839, dans le nord de l'Europe.

« Ce qu'il y a de certain, c'est que, *quelque conjecturale qu'en soit encore la cause*, un phénomène des plus extraordinaires a sillonné ces contrées septentrionales avant la naissance du genre humain, et que ce phénomène a été immense; peut-être même a-t-il embrassé un champ beaucoup *plus vaste* que celui que nous venons de parcourir, car les traces d'un phénomène tout semblable, peut-être d'une seconde branche du même phénomène s'observent sur la surface du Canada et de la plus grande partie du sol des États-Unis d'Amérique, se dirigeant du *nord au sud* et dérivant par conséquent des régions voisines *du pôle boréal*, ainsi que cela s'observe dans le nord de l'Europe.

« Quant à la manière dont l'impulsion une fois produite aurait donné naissance aux effets observés, M. Durocher conçoit, *qu'une grande masse d'eau*, partie des régions polaires, et *probablement accompagnée de glace*, est venue inonder les contrées septentrionales, depuis le Groenland jusqu'à la chaîne des monts Ourals. Le courant s'est précipité du *nord vers le sud*, envahissant la Norwège, la Suède et la Finlande, démantelant les montagnes et les rochers qu'il trouvait sur son passage, polissant leur surface, et y traçant des sillons et des stries, au moyen des détritus qu'il en arrachait. Les mêmes masses d'eau qui avaient passé sur la Scandinavie et la Finlande, ont dû se répandre sur l'Allemagne, la Pologne et la Russie, et y produire encore des phénomènes d'érosions et de transport. L'état parfait de conservation des blocs erratiques, est une preuve incontestable de la présence d'*énormes glaçons* dans le torrent qui traversa notre hémisphère. En effet, dans l'origine, on avait de la peine à comprendre comment il était possible, qu'après avoir parcouru des distances égales quelquefois à plusieurs centaines de lieues, ces blocs eussent conservé la vivacité de leurs arêtes. Leur poids énorme ne permettait pas de supposer qu'ils aient pu rester suspendus dans la masse fluide, et par conséquent ils auraient dû être émoussés et arrondis par le frottement sur la surface des rochers. »[1]

Dans l'Amérique du nord, toutes les stries des roches sont dirigées du N. au S. ou forment des angles très petits avec cette direction. Les blocs erratiques qui atteignent 20 et 30 pieds d'épaisseur, sont déposés partout, le plus souvent à des hauteurs de 50 à 100 mètres et plus. « Comme tous ces fragments, dit M. D'Archiac, se trouvent à présent au Sud et au Sud-Est des roches en place d'où ils proviennent, il ne peut y avoir d'incertitude sur la direction suivie par l'agent qui les a transportés. »

Au sujet des roches polies et sillonnées de l'Amérique du nord, M. J. Hall croit que, « ces effets résulteraient de courants océaniques qui ont traversé le pays, soit avant, soit depuis la dernière élévation du sol, *dont la surface n'a pas d'ailleurs éprouvé de changements notables*. De plus des dépôts de cailloux et de blocs recouverts d'argile, de sable et de limon, constatent qu'il y a eu des courants violents dans des directions opposées, car sur le même point, on rencontre à la fois des blocs de roche venus du nord et d'autres du sud. »[2]

Il ne peut en être autrement, la puissance de transport des mers, revenant du sud, devant être formidable. Les blocs venant du sud, à moins qu'ils n'aient roulé sur des pentes, doivent du reste être de dimensions moindres que ceux arrivés du nord, ce qui pourra être vérifié.

[1] Comptes rendus, 17 janv. 1842, p. 108.
[2] Hist. des Progr. de la Géol., t. II, p. 364.

M. Hitchcock fait remarquer, que le phénomène erratique doit être le résultat, d'une ou de plusieurs forces dirigées vers le S. ou le S.-E., et que l'uniformité constatée dans la direction des effets, est la preuve de la *généralité de la cause*. Suivant ce géologue, les effets de la force agissante ont été en décroissant du N. au S., et le niveau du pays n'a pas dû être sensiblement modifié depuis par des mouvements verticaux. Indépendamment des dépôts aqueux, la présence des blocs du Canada, transportés jusqu'au-delà de l'Ohio, à des distances de 4 à 500 milles, oblige l'auteur à recourir à *un second agent qui serait la glace*. Il a constaté, dans la nouvelle Angleterre, des blocs d'un très grand volume, situés à 300 et 450 mètres au-dessus du niveau des roches en place d'où ils proviennent. [1]

D'après M. Shepherd, la direction des stries des côtes du lac supérieur, est généralement N.-S. et on les observe avec les mêmes caractères jusques sur les montagnes Huron, à 250 mètres au-dessus de l'eau, dont le niveau n'a certainement pas changé depuis 6 ou 800 ans, comme l'indique l'âge des arbres qui croissent le long du rivage.

« On remarque, dit M. Rogers, sur le même sujet, dans les comtés du N.-E. de la Pensylvanie et les districts adjacents de l'état de New-York, que les *sillons*, très fréquents sur le sommet de toutes les chaînes de cette partie des Apalaches, sont dirigés presque N.-S., comme l'indiquerait leur trajet à travers la nouvelle Angleterre, et la région des lacs. Ceux qui se trouvent sur les flancs au fond des vallées, suivent avec une grande exactitude les contours de ces vallées, se conformant ainsi à toutes les inflexions d'une masse d'eau en mouvement qui aurait parcouru les sommets et les dépressions de ces chaînes. Les stries résulteraient du frottement des matériaux du *drift, venus du nord, sous l'impulsion rapide qu'une ou plusieurs inondations soudaines leur auraient imprimée* [2]. »

[1] Hist. des Progr. de la Géol., t. II, pp. 371 et suiv.
[2] Amér. Journ., vol, IV, p. 282 et vol. XLIII, p. 180.

Tous ces faits démontrent bien le gonflement des eaux, au moment de la grande débâcle, par l'excès de vitesse de la marche des eaux arctiques sur celles de l'équateur, et le transport des blocs erratiques par les glaces flottantes, lesquelles, marchant avec les eaux, du nord au sud, sont venues buter contre les montagnes et échouer sur leurs flancs septentrionaux. Les blocs de roches et les débris enchâssés dans leur base, ont buriné les stries et creusé les sillons sur les roches en place qu'ils rasaient dans leur course; mais toutes ces roches striées et polies, n'ont pu être mises dans cet état par l'effet d'un seul transport, il est évident qu'il a fallu pour cela une série de phénomènes erratiques, périodiquement renouvelés.

Mais le transport des blocs n'est pas le seul phénomène résultant des glaces venues du nord. Un autre fait géologique, qui a été le sujet de longues controverses, et était resté une énigme dont M. Dumont avait entrevu le mot, le *limon Hesbayen*, va trouver dans cette théorie l'explication simple et rationnelle de son existence.

Pour établir son origine, il faut remonter à l'avant-dernier déluge. Quand la masse des eaux revenant du sud, il y a 14,500 ans, se rua sur le pôle-nord, la coupole de glace de ce pôle, qui, comme nous l'avons vu, devait alors atteindre la Laponie, fut recouverte, au moins vers ses confins, par les eaux tumultueuses chargées de troubles. Les matières pesantes ou arénacées furent les premières à se déposer, déjà pendant la marche des eaux vers le pôle, et les molécules limoneuses furent celles qui surnagèrent les dernières dans la masse liquide, et qui se déposèrent sur la glacière à mesure que la tranquillité se rétablissait. Pendant les 5,500 ans de refroidissement qui suivirent, ce limon fut pris dans la glace, et transporté vers le sud lors du dernier déluge, par les énormes fragments de la grande glacière boréale.

Les glaces en fondant lentement, là où elles échouèrent, déposèrent le limon Hesbayen sur le sol. Le limon Hesbayen est donc le dernier de tous les dépôts géologiques, et il n'a subi aucun lavage postérieur, pas même sur les points où les érosions des eaux diluviennes se font le plus puissamment sentir. Ce dépôt n'existe pas seulement en Belgique, au nord du plateau des Ardennes, et des collines de Cassel ; il a pénétré en France, avec les glaces, par la grande trouée entre Maubeuge et le Mont Noir, et on le suit jusque vers la Seine ; on le retrouve aussi au nord des hautes terres de la Bavière. Il a pénétré dans la vallée du Rhin, où, remanié par les crues du fleuve, il a formé le *Loess* ou *Lehm* des Allemands. Il ne contient pas de fossiles, la vie étant impossible sous les glaces où il s'est formé. Si on y rencontre quelques coquilles d'eau douce ou quelques rares ossements, ces fossiles s'y trouvent accidentellement [1].

Dans une visite que nous fit M. Dumont, nous lui demandâmes son avis sur l'origine du limon Hesbayen, si bien décrit par lui, et s'il le croyait un dépôt fluviatile. Après quelques secondes de recueillement, il répondit : le limon Hesbayen n'est pas un dépôt fluviatile, il n'est pas nivelé et n'en porte aucunement les caractères : *il doit avoir été déposé par une couche de glace.* Un médecin de nos amis était présent. Peu de jours après, nous eûmes la douleur d'apprendre la mort de M. Dumont.

Suivant M. Lyell, l'époque glacière coïncida, au moins en partie, avec l'époque de la formation du Loess européen. Ce savant géologue a observé, près de Maestricht, le Loess ou limon Hesbayen, recouvrant des blocs erratiques [2]. Ce dépôt atteint une altitude de plus de 100 mètres.

Avant d'aller plus loin, disons ici quelques mots des *terrasses* observées en différents pays, et indiquant, par leur caractère ou leurs coquilles, d'anciens niveaux de mers.

[1] Nous avons trouvé dans le limon Hesbayen des environs de Bruxelles, vers sa base, un crâne de Ruminant que nous rapportons avec doute au *bos minutus.* Ce crâne est en partie brisé et ne présente plus que les alvéoles des dents.

[2] Mém. sur les terr. tert. de la Belgique et de la Flandre fr., trad. de MM. Toilliez et de Beaulieu, pp. 6 et 7.

Il nous semble vraisemblable que la première et principale débâcle d'une glacière polaire n'est pas la seule qui se produit, et que, pendant les siècles qui la suivent, la température toujours croissante, jointe à l'augmentation de la glacière opposée, doivent amener plusieurs autres débâcles secondaires, suffisantes néanmoins pour faire baisser, à plusieurs reprises, le niveau des mers. Cette circonstance donnerait peut être l'explication des déluges de Deucalion, d'Ogygès, etc. Nous avons parlé déjà des *parallèle-road* d'Angleterre. Suivant M. Shepherd il existe sur la côte N.-E. des *Petits-Écrits* en Amérique, des terrasses de plusieurs milles de longueur, parfaitement horizontales et régulières, disposées en gradins, à 60 ou 120 mètres d'élévation, et distantes de deux à trois milles du lac supérieur, dont elles marquent les anciens niveaux successifs [1]. Près du lac Champlain, on a observé à deux niveaux différents, deux couches marines avec coquilles récentes, indiquant une température plus basse qu'aujourd'hui. Enfin, M. Ducatel parle de collines sablonneuses de l'Amérique du nord, formant des bandes dirigées N-E, S-O, s'abaissant vers le sud, et ayant l'aspect de plages produites par le retrait successif de la mer.

Mais si la retraite des eaux a dû produire la plupart des terrasses, les soulèvements ont dû aussi, quelque fois, leur donner naissance. Comme le dit très bien M. Adhémar lui-même, sa théorie ne peut à elle seule rendre compte de tous les faits géologiques. Ainsi, en Patagonie, sept vastes terrasses horizontales, de plus en plus élevées, depuis la côte Atlantique jusqu'aux Cordillères, ont été observées par M. Darwin, qui croit qu'elles sont le résultat de surélévations successives. Nous avons vu que les Cordillières des Andes se soulèvent fréquemment, sans qu'il en résulte le moindre cataclysme. Ces terrasses portent des coquilles d'espèces vivantes, ce qui, comme nous l'avons vu pour celles du Crag, n'est nullement une preuve qu'elles ne remontent pas jusqu'à 25,000 ans et au-delà.

[1] Amér. Journ. vol. IV, p. 282, 2.e série.

7

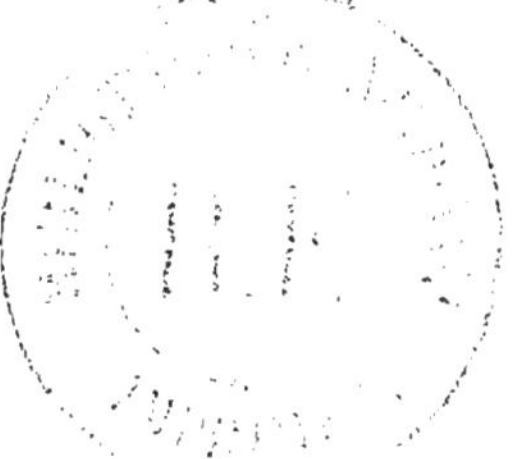

Maintenant que nous avons parcouru rapidement toutes les époques tertiaires, et que nous sommes arrivés à l'époque moderne, établissons, d'une manière palpable et positive, la *périodicité alternante* des déluges.

Il y a six siècles, la grande coupole de glace australe avait atteint son maximum d'extension. Son diamètre, supposé horizontal, dépassait 1,000 lieues. Les explorations des célèbres navigateurs Fourneaux, Cook, Biscoé, Ross, Dumont d'Urville, etc., ont déterminé, d'une manière certaine, son vaste périmètre. Nous avons dit que son volume, vers le milieu du treizième siècle, devait être huit fois plus considérable que celui de la glacière du nord. Ne se rendant pas bien compte jusqu'ici d'une pareille masse solide, on a supposé, sous ces glaces, un grand continent. Quelques rivages d'îles, découverts sous le pourtour de la glacière, ont donné créance à ce continent imaginaire; mais existât-il, contre toute vraisemblance, la théorie de M. Adhémar n'en serait que plus solidement étayée. Il faut donc reconnaître, sans conteste, l'immense développement de la coupole de glace du pôle sud, et un froid plus intense vers ce pôle que dans les régions hyperboréennes.

D'un autre côté, si nous jetons un regard rétrospectif sur le phénomène erratique du nord, nous sommes obligés d'admettre, par la force et la logique des faits, un développement considérable des glaces du pôle nord et une température plus froide que celle actuelle, vers la dernière époque géologique. En outre, il est incontestable que la température de nos contrées a dû s'élever depuis cette époque.

Reportons nous enfin à l'avant-dernière époque géologique, c'est-à-dire au dernier retour des mers, à la destruction des grands animaux, dont les gisements indiquent de puissants courants du sud au nord. N'avons nous pas vu dans la Patagonie, la Plata, le Paraguay, la Terre de Feu, l'Australie, etc., le même phénomène erratique et limoneux que celui du nord, marchant en sens inverse de celui-ci et l'ayant précédé?

Nous sommes donc en droit de conclure de ces faits matériels et irrécusables, que le phénomène erratique, qui n'est que le résultat des grands déluges, est *périodique, alternatif, et propre aux deux pôles de la terre* [1].

Nous avons terminé la description des déluges tertiaires. Nous aurions pu donner plus de preuves encore de la cause originelle de ces cataclysmes, mais nous avons dû nous restreindre, ne voulant écrire aujourd'hui qu'un simple mémoire. Nous ne jetterons donc sur l'époque moderne qu'un coup-d'œil rapide.

La dernière oscillation des eaux océaniques a donc cessé ses effets dévastateurs. Les glaces transportées et échouées ont fondu lentement et déposé leurs blocs et leur limon; mais les eaux boréales n'ont pas encore atteint leur niveau minimum, et un mouvement vers le sud, de plus en plus lent, marque la fin de leur retraite. Les traces de cet abaissement lent et final se retrouvent pour ainsi dire sur toutes les côtes de notre hémisphère. On peut les observer surtout dans les Anses qui avoisinent Angoulins, près du golfe de Luçon, près de Marans, à Nice, en Sicile, à Monaco, à Figgate-Whins (Écosse). Dans le Cornwall, le Devondshire, etc., certains points peuvent avoir été surélevés par des tremblements de terre, mais ces points sont de rares exceptions et non la cause principale d'un phénomène si général.

Il est à remarquer que la mer resta sur certaines portions des côtes actuelles, comme nous l'avons vu pour Anvers, etc., après

[1] Si l'on veut remonter jusqu'au troisième phénomène erratique, (qui a dû se produire du nord au sud,) on en trouvera les preuves dans les ouvrages de la plupart des géologues. « Il y a eu, dit M. Beudant, un grand phénomène de polissage, de stries, de sillons sur les rochers préexistants qui s'est effectué *avant la formation des matières qui les recouvrent;* c'est ce qu'on voit sur les côtes de Norwège, dans les plaines du Danemarck, en Angleterre, dans l'Amérique septentrionale, etc., où *sous les dépôts diluviens,* on en trouve des traces non équivoques. Mais il paraît aussi que *des phénomènes du même genre auraient eu lieu depuis,* de sorte que ce serait *entre les deux effets* que ces dépôts se seraient formés. (Géol., p. 259). M. Rogers a également constaté, pour le nord, deux phénomènes erratiques séparés par une période de repos.

la retraite des mers faluniennes. Ainsi une partie de la Flandre Occidentale resta sous les eaux, et celles-ci y déposèrent leurs derniers troubles, l'*argile d'Ostende*. Vers l'époque de la conquête romaine, une grande partie de cette région était encore immergée à chaque marée. Depuis cette époque, les sables arrachés, par les tempêtes, aux couches parisiennes qui affleurent sous les eaux le long de cette côte, accumulés sur la plage et soulevés par les vents, ont formé les dunes, et avancé le littoral de deux lieues. Pendant les siècles qui suivirent, des tourbières se formèrent sur cette partie émergée de la Belgique.

Les sables de la Campine sont également recouverts, sur certains points, par des tourbières modernes. Sous une épaisse tourbière, en Scanie, on a découvert un squelette de *Bos urus* ou *primigenius*, portant des traces d'un javelot d'un ancien aborigène.

On ne connaît pas de tourbières dans la zône tropicale. Celles observées dans les zônes tempérées des deux hémisphères, ont été produites, aux dernières époques tertiaires, par des causes très diverses, tranquilles ou violentes. On les trouve dans les contrées basses, ou à une altitude de 300 à 600 mètres; dans des creux ou sur des pentes élevées qui ne sont nullement marécageuses, et qui même paraissent ne l'avoir jamais été. On est conduit à voir là, des accumulations de végétaux charriés par le même phénomène qui en a parfois entassé dans la vase de certains lacs.

Comme nous en avons déjà parlé, les lacs ont dû diminuer d'importance et de nombre à chaque période géologique, par le comblement et le nivellement de leurs lits par les matières entraînées, ou par les érosions qui ont creusé et déterminé le cours des fleuves actuels, établissant ainsi de vastes rigoles de déversion pour les relais des mers. Ce dernier phénomène explique comment les grands lacs de l'Espagne ont entièrement disparu de nos jours. Parmi les lacs résultant de la dernière retraite des mers, quelques-uns ont dû se dessécher par des causes diverses, telles que leur altitude relative, le manque d'affluents, etc. M. D'Archiac en cite plusieurs. Une partie de la Brie était occupée, depuis une époque très ancienne, par un grand nombre d'étangs qui sont aujourd'hui desséchés. Ils étaient situés sur l'emplacement du lac éocène, si bien décrit par M. Hébert, et dont ils sembleraient avoir été le dernier vestige.

La géologie de l'Afrique est encore très peu connue. En s'approchant de l'équateur, les véritables dépôts tertiaires tranquilles doivent manquer et être remplacés par des couches de matières minérales entraînées. Les sables du Sahara proviennent principalement des rivages de l'Atlantique, leur marche progressive indiquant qu'ils sont poussés vers l'orient par les vents d'ouest depuis une longue série de siècles.

La salure des sables du Sahara et du Gobi ; des sables et limons du bassin de la Caspienne, de la mer Morte ; les efflorescences salines des plaines de l'Euphrate et des immenses Llanos et Pampas de l'Amérique du sud ; les lacs salés de l'Algérie, de l'Amérique du nord ; les marais salans du midi de la France, etc., tout concourt à prouver le séjour ou le passage récent des mers sur toutes les terres basses des deux hémisphères.

Si la théorie qui nous occupe est une vérité, la température de notre hémisphère a du s'abaisser depuis six siècles. Cet abaissement a été démontré par M. Adhémar, et récemment encore, ce fait a été reconnu lors du voyage du prince Napoléon dans les mers du nord. « Il n'est pas permis de douter, dit le comte Clément de Ris, que depuis deux cents ans, le climat des régions arctiques n'ait subi un abaissement considérable de température. Un tronc d'arbre trouvé dans une fouille faite au Groenland, prouve qu'à une certaine époque, une végétation assez vigoureuse pouvait s'y développer. Aujourd'hui toute trace de végétation a en quelque sorte disparu ; un arbuste d'un mètre est un phénomène. »[1]

C'est 600 ans qu'il faudrait dire.

[1] Revue contemporaine, t. xxxv.e, 31 décembre 1857. Analyse du voyage dans les mers du nord, etc.

Pour terminer ce chapitre, il nous reste à toucher à une grande question que nous abordons avec crainte, celle de l'extinction d'anciennes races et de l'apparition de nouvelles espèces animales ou végétales. La succession et la disparition d'une série de races nombreuses n'est plus depuis longtemps un fait douteux dans la science, bien que M. A. d'Orbigny en ait exagéré la portée. En admettant donc que la création successive et l'extinction graduelle des espèces constituent une loi régulière de l'économie de la nature, il reste à examiner les effets de cette loi depuis le dernier déluge.

La disparition, depuis les temps historiques, d'un certain nombre d'espèces a été constatée, mais il devient bien autrement difficile d'établir qu'une espèce, entièrement nouvelle, a fait son apparition sur la terre à une époque récente. M. de Humboldt regarde cette recherche comme un des mystères que l'étude de l'histoire naturelle ne saurait pénétrer. Quoiqu'il en soit, oserait-on affirmer que les milliers d'espèces que l'on a découvertes, depuis quelques siècles, existaient déjà lorsque le dernier cataclysme à ravagé la terre, et que pendant les 6,000 ans qui s'écouleront avant le prochain déluge, aucune race nouvelle n'apparaîtra sur notre globe? Quant aux extinctions, il est vraisemblable que l'aurochs, l'hippopotame, le rhinoceros, et peut être l'éléphant, ces restes d'une gigantesque création, ne survivront pas à la période actuelle.

Il est, dans l'histoire de notre globe, un fait considérable appelé, peut être, à modifier les lois créatrices de la nature. Ce fait, c'est l'apparition sur la terre de l'être intelligent, de l'homme, sorte de couronnement à la grande œuvre de Dieu. Les mammifères ont atteint à l'époque falunienne leur plus haut degré de développement. Aujourd'hui, ils ont déjà bien perdu de leur ancienne splendeur. Depuis l'apparition de la race humaine, les grandes espèces semblent tendre à s'éteindre successivement, comme pour faire place au roi de la création.

OBSERVATIONS DIVERSES.

On comprendra que l'enchaînement d'un si grand nombre de faits offrait quelque difficulté. Nous avons classé ces faits de notre mieux, évitant autant que possible des digressions qui auraient pu apporter de la confusion dans l'exposé que nous en avons présenté. Il nous reste néanmoins quelques observations que nous ne pouvons passer sous silence, parcequelles se rattachent directement à notre sujet.

Il serait téméraire d'affirmer que depuis l'époque des terrains secondaires et surtout des terrains paléozoïques, le phénomène du changement graduel du grand axe de l'orbite terrestre n'a pas subi de variation ou de modification plus ou moins importantes. On est fondé à croire toutefois, que lors des dépôts des terrains secondaires supérieurs, ce phénomène existait dans des conditions fort similaires à celles de nos jours. On présentera peut être comme preuves à l'appui des soulèvements, le grand nombre de points du globe où les couches anciennes sont relevées ou brisées. Certes, c'est une preuve qu'il y a eu beaucoup de soulèvements, mais cela n'établit nullement que ces soulèvements ont été instantanés. Que l'on refléchisse à l'âge probable de la terre. On peut avancer sans crainte aujourd'hui, que l'antiquité des premiers dépôts marins doit approcher d'un million d'années. Pour ce temps énorme, on cite dix-sept systèmes de soulèvements.

Chacun de ces systèmes a employé certainement un grand nombre de milliers d'années pour atteindre le maximum d'altitude qu'il présente de nos jours.

On se rappelle les 22 étages que M. A. d'Orbigny dit se trouver encore en place, dans le bassin anglo-parisien, dans la position où la mer les a déposés primitivement. Que l'on jette les yeux sur la carte géologique de la Belgique et d'une partie de la France, par M. Dumont, on verra que toute la partie N-O de la France présente, non pas 22 étages, mais 15 ou 16 déposés les uns dans les autres, comme une pile d'assiettes qui diminueraient graduellement de grandeur. Ce sont les antiques rivages des mers successives, intra-posés et parallèles. Ce n'est point là, à coup sûr, un indice de mouvements et de bouleversements fréquents et considérables dans l'écorce terrestre.

A chaque dépôt marin, l'épaisseur de ce dépôt a du hausser le fond des mers et tendre à rétrécir leurs rivages. C'est l'aspect que présente la carte de M. Dumont pour la région que nous venons d'indiquer. Cette région, qui s'appuie sur les terrains paléozoïques ou volcaniques des Ardennes et du Rhin, semble du reste avoir été un peu exhaussée depuis le dépôt de la craie. 150,000 années sont bien suffisantes pour cela.

Pour prétendre que des couches qui ont une faible inclinaison ont subi un soulèvement, il faudrait établir que les dépôts des mers affectent toujours l'horizontalité, ce qui n'est nullement démontré. Rien ne prouve davantage que les mers déposent toujours et partout. Une foule de circonstances modifient soit l'importance, soit la nature de ces dépôts; et il est évident, qu'à conditions égales, les mers profondes déposent davantage que les mers à fond élevé. Cette circonstance aiderait peut-être à expliquer la puissance énorme de la plupart des dépôts anciens, et pourquoi les couches minces de matières tertiaires, ont été balayées en entier sur la partie orientale de l'Angleterre et de la Bretagne, où la mer avait très peu de profondeur.

Ces vastes oscillations, ou *balancements* périodiques de la masse des eaux qui produisent les grands déluges, ont été pressentis par M. D'Archiac, ainsi que la cause réelle de ces grands cataclysmes. Voici les paroles remarquables de ce savant, que l'observation des faits et la force de l'induction conduisent, comme malgré lui, dans la théorie nouvelle.

« Quoiqu'il soit impossible, dit M. D'Archiac, à propos du diluvium, d'apprécier exactement le temps que ces dépôts ont mis à se former, on conçoit cependant qu'il a du être très long, quelle que soit l'hypothèse à laquelle on s'arrête ; mais il ne constitue en réalité qu'*une seule oscillation de cet immense et lent balancier qui a compté les innombrables phases de l'histoire de la terre.* [1] »

Et ailleurs, sur le même sujet :

« Si l'on remarque, que la grandeur des effets mécaniques parait en rapport avec la latitude, et *qu'ils sont d'autant plus prononcés qu'on s'éloigne davantage de la zône équatoriale,* où ils semblent avoir été nuls, on sera porté à y voir l'influence prédominante de *causes extérieures, météorologiques ou climatériques*, plutôt que celle des agents internes du globe, qui n'ont donné lieu qu'à *de faibles oscillations de son écorse.* [2] »

M. Eug. Robert a publié un recueil d'observations ou recherches géologiques, tendant à prouver que le niveau de la mer a baissé et baisse encore notablemment dans l'hémisphère nord, ou que les phénomènes de soulèvements des chaînes de montagnes n'a plus continué à se manifester que d'une manière lente et graduelle. L'auteur remarque que *les traces de soulèvements récents s'observent particulièrement dans l'hémisphère nord à mesure qu'on s'avance vers le pôle*, tandis qu'elles sont très rares dans l'hémisphère sud. Il ajoute que c'est dans le nord qu'elles ont acquis leur plus grande hauteur, c'est-à-dire près de 200 mètres [3].

Il résulte de tous ces faits, que pour la dernière époque géolo-

[1] Hist. des progr. de la Géol., t. II, p. 375.
[2] Hist. des progr. de la Géol., t. II, pp. 423, 424 et 429.
[3] Compt. rend., vol. XIX.

gique, les conséquences forcées de l'hypothèse des soulèvements, seraient un boursoufflement de l'écorce terrestre sur tout notre hémisphère, avec accroissement régulier du sud au nord, et un affaissement de tout l'hémisphère austral. On arriverait ainsi à l'absurde. L'hypothèse des soulèvements, avec les effets qu'on leur a attribués, n'est plus soutenable. Un quart de siècle a suffi pour la faire vieillir et en montrer l'inanité. Elle est une entrave permanente aux progrès de la géologie.

Une grande question qui est loin d'être complètement élucidée, c'est la différence de la climature actuelle de nos régions avec celle des époques tertiaires en général. M. A. d'Orbigny et plusieurs autres géologues ont voulu établir le fait d'un changement *brusque* de température vers l'époque dite *subapennine*, une climature tropicale ayant, selon eux, régné sur nos contrées jusqu'à cette époque. Nous avouons que les faits ne nous démontrent nullement cette vérité. Les testacés du Crag, pour ses couches inférieures, peuvent remonter à plus de 30,000 ans, et ces couches contiennent, quoiqu'en ait dit M. A. d'Orbigny, un nombre considérable d'espèces encore vivantes. Si à l'époque des mers Tongrienne et même Falunienne, des végétaux des régions chaudes croissaient près des côtes et dans les îles de la France immergée, cela peut s'expliquer tout naturellement par l'influence d'une grande masse d'eau sur la végétation. La prédominence des mers sur les terres exerce une influence considérable sur la flore d'une latitude donnée. Cette influence résulte de l'évaporation et de la force du courant d'air ascendant qui se dirige vers le pôle voisin. Aussi voit-on aujourd'hui des fougères arborescentes au sud de l'équateur jusqu'au 46e et même jusqu'au 53e parallèle, tandis que vers le nord, elles ne dépassent pas le tropique du Cancer. On voit des fougères arborescentes à Hobart-Town, dans la terre de Van Diemen, sous le 43e degré de latitude, par une température moyenne de 9°, c'est-à-dire inférieure à celle de Toulon. La température de Rome ne descend pas, pour l'hiver, au-dessous d'une moyenne de 6°, 5 et pour l'été de 24°. A Hobart-Town, situé à un degré plus près de l'équateur, la température de l'hiver n'est que de 4°, 5 et celle de l'été de 13°, 8. Dans l'Archipel de la Terre de Feu, où s'étale une belle végétation, la température moyenne de l'hiver n'est que de 0°, 4 et celle de l'été de 8° seulement, et ces îles sont à la même distance de l'équateur que Dublin [1].

Nous pourrions multiplier nos citations d'observations thermométriques; celles-ci suffiront pour répondre à ceux qui contestent les conclusions de M. Adhémar, sur la différence considérable de température des régions boréales et australes.

Il faudra prendre en considération, dans les études futures, le fait important d'un maximum et d'un minimum de température pour chaque période géologique; la diminution graduelle des effets de la chaleur centrale; l'influence de la présence ou de l'absence de la masse aqueuse; le transport probable plus vers le pôle, de testacés à l'état de vie, dont une partie a dû, par la force même du hasard, se retrouver à sa zône de profondeur, etc. Rien n'indique d'une manière positive, selon nous, un changement brusque et soudain dans la température de l'Europe à aucune époque; et les circonstances que nous venons de citer sont bien suffisantes pour expliquer les faits, sans recourir à des suppositions extrêmes.

Les faunes n'ont pas péri entièrement à chaque cataclysme, comme l'a pensé M. d'Orbigny. Ce savant géologue à réuni parfois deux étages en un seul, ce qui a contribué à lui faire dépasser les limites du réel. Ses travaux remarquables n'en ont pas moins fait faire un grand pas à la science.

Puisque nous avons parlé d'objections, nous déclarons sincèrement que nous les appelons si elles sont dégagées de tout esprit de système. « Il est, dit M. de Humboldt, dans son *Cosmos*, une disposition d'esprit plus nuisible encore, peut-être, que la crédulité dénuée de toute critique; c'est une arrogante incrédulité qui rejette les faits sans daigner les approfondir. »

[1] De Humboldt, Tableaux de la nature, t. I, p. 166 et suiv.

M. Adhémar déclare qu'il veut mettre la vérité en évidence par toutes les recherches et vérifications possibles, dût-il renoncer à son hypothèse. C'est là le langage d'un amant de la science pour elle-même. C'est avec la même abnégation de sa propre personnalité qu'il faut le combattre si on le juge utile.

Jusqu'ici les explorations et études géologiques ont toujours eu lieu sous l'influence de la préoccupation de la cause présumée : les soulèvements. Il importe aujourd'hui de démêler et de différencier les effets dûs à diverses causes. Ainsi, pour ne citer qu'un fait, on a objecté contre un grand mouvement des eaux du nord au sud, que certaines stries, sur des roches de la Norwège, etc., offraient des directions vers l'E. ou l'O. ou même une disposition rayonnante. Ce sont là des effets naturels, non des glaces charriées par les eaux au moment des déluges, mais *des glaciers*, pendant la période de tranquillité. La théorie que nous venons de développer, n'exclut nullement une foule de phénomènes géologiques, qui ont leur importance relative dans l'histoire de la terre, et qui ne peuvent manquer de produire souvent des discordances apparentes avec la grande théorie de M. Adhémar. Ces phénomènes, qui agissent conjointement avec les grandes oscillations périodiques des mers, sont les épanchements des granits, des basaltes, des trachytes, des pépérines, des laves; la formation des gypses; les dépôts des eaux thermales ou minérales; la sécrétion des bitumes; les îles madréporiques; les alluvions des fleuves, les effets atmosphériques, les éboulements, les inondations, les glaces flottantes, les glaciers des montagnes, le mouvement des dunes, l'érosion des côtes, le simoun, les tourbières, les infusoires haussant certains fonds de mer ainsi que les troubles des fleuves; enfin les effets volcaniques et les tremblements de terre.

Il est un autre grand fait qui a dû se présenter quelque fois; c'est l'épanchement violent ou lent d'un lac sur une contrée voisine située à une moindre altitude, par suite de la rupture ou du creusement des digues de ce lac. Cette rupture peut s'être produite vers l'E. ou l'O., et les effets de transport ont dû présenter, en ce cas, une direction perpendiculaire aux méridiens, sans infirmer pour cela la grande direction des déluges suivant ces cercles. On voit qu'il ne faudrait pas se hâter de conclure sur quelques faits isolés. La fameuse couche de boue de l'île de de Portland que nous avons visitée, et qui n'est autre chose qu'une forêt submergée et brisée par une masse d'eau douce, doit probablement son origine à un phénomène de ce genre.

Il faudra prendre aussi en considération, que des débris de mammifères, roulés vers le nord par un déluge, ont dû souvent être charriés vers le sud au déluge suivant.

Si on accepte notre hypothèse de la conservation de la race humaine sur les points culminants de grandes terres disparues dans l'océan austral, et formant aujourd'hui des îles, il faudra admettre, ce qui parait du reste probable, que le gonflement des eaux a moins d'intensité au pôle d'arrivée qu'au pôle de départ. Il serait à désirer que M. Adhémar publiât de nouvelles recherches plus précises sur cette partie un peu obscure de sa théorie.

Une autre objection qui a été faite, c'est que par le fait de la présence de l'homme sur la terre, notre planète est arrivée à un état de stabilité, et que les grandes catastrophes ne se représenteront plus dans l'avenir. Cette objection n'est pas sérieuse, et nous n'y voyons que le reflet d'un énorme orgueil.

La question des grands courants océaniques acquerra peut-être une importance qu'elle n'a pas encore présentée. Sans oser affirmer que depuis six siècles, un mouvement des eaux se fait déjà sentir du sud au nord, on ne peut cependant s'empêcher de remarquer que ces divers courants proviennent des régions antarctiques, et qu'ils sont déviés de leur direction vers le nord par les continents ou la rotation de la terre vers l'équateur. On a prétendu qu'il s'opérait un affaissement lent du Groenland, de la Scanie, de la Hollande, du nord de l'Allemagne, des côtes de France vers l'océan. Si ces faits étaient prouvés, et si l'Amérique du Nord présentait le même phénomène, on serait en droit de conclure que le niveau des mers s'exhausse lentement en approchant de notre pôle, et que la surélévation actuelle de la Suède est plus considérable qu'on ne l'avait cru. Nous ne faisons ici que soulever une question encore hypothétique.

On sera peut-être étonné que le remarquable ouvrage de M. Adhémar, publié depuis plusieurs années, n'ait pas eu plus de retentissement. En France ce livre est peu connu. L'Académie ne s'en est pas occupée parce qu'il était imprimé ; les géologues ne l'ont pas lu parcequ'il est d'un mathématicien, et les mathématiciens ne l'ont pas lu parcequ'il traite de géologie. Il n'en a pas été de même en Allemagne, l'ouvrage de M. Adhémar y fit une profonde sensation, et eut les honneurs de la traduction. Des conférences publiques furent données sur la théorie nouvelle ; diverses publications en parlèrent avec éloges, et il y a deux ou trois ans, dans l'assemblée des naturalistes et médecins, qui eut lieu à Vienne, l'ouvrage fut examiné et discuté, et souleva de vifs débats. Comme cela arrive trop souvent, des objections peu mûries s'entrechoquèrent, et chacun voulant faire dominer son opinion, cette grande question si digne d'une profonde étude, se trouva complètement embrouillée. La base seule de cette théorie resta forcément admise parcequ'elle est une vérité. Il ne manquait peut-être, pour frapper et convaincre les esprits, qu'un exposé des preuves géologiques : cette lacune, nous avons tenté de la remplir.

H. Le Hon,

Professeur à l'Ecole militaire de Bruxelles.

DELUGES TERTIAIRES.

Chronologie approximative. ANNÉES.	
4 200	HÉMISPHÈRE BORÉAL ÉMERGÉ. *La mer reste sur la Flandre-Occid. marans, aigues-mortes, etc.*
14 700	Dépôt des sables de la Campine, des Flandres, de St.-Omer, des Landes de la Gascogne, des sables marins supérieurs de Montpellier; couches supérieures de Sicile. — Alluvions de la Bresse. — Terrain pampéen de d'Orbigny. — Terrains quaternaires. — Terrain Pliocène de Lyell.
25 200	HÉMISPHÈRE BORÉAL ÉMERGÉ. *La mer reste sur Anvers et le Suffolk ; sur Perpignan, Montpellier, Carentan, l'Astésan, partie des duchés de Parme et de Modène, etc.*
35 700	Dépôt des sables de Diest et du Bolderberg. — Mollasses. — Nagelflue. — Faluns de Tours, de Bordeaux et de Dax. — Colline de Turin. — Terrain Miocène supérieur de Lyell.
46 000	HÉMISPHÈRE BORÉAL ÉMERGÉ.
57 000	Dépôt des couches tongriennes et rupéliennes. — Des grès et sables de Fontainebleau. — Dépôt de Blaye, près de Bordeaux. — Couches de l'île de Wight (Headon-Hill, etc.) — Terrain Miocène de Lyell.
67 000	HÉMISPHÈRE BORÉAL ÉMERGÉ.
78 000	Dépôt des sables Laekeniens. — Des couches à nummulites variolaria de Cassel. — Sables de Beauchamps et d'Auvers (supérieurs). — Sables sans fossiles d'Hordwell. — Argile de Barton. — Eocène supérieur de Lyell.

Chronologie approximative. ANNÉES.	
88 000	HÉMISPHÈRE BORÉAL É[illegible]É.
99 000	Dépôt des couches Bruxelliennes et paniseliennes. — Calcaire grossier. — Sables de Bracklesham et de Bagshot. — Argile de Londres et de Bognor. — Système yprésien de Dumont. — Terrain Eocène moyen de Lyell.
109 000	HÉMISPHÈRE BORÉAL ÉMERGÉ.
120 000	Dépôt de l'argile plastique. — Lignites du Soissonnais. — Sables glauconifères inférieurs. — Système landenien de Dumont. — Terrains nummulitiques de plusieurs auteurs. — Terrain Eocène inférieur de Lyell.
130 000	HÉMISPHÈRE BORÉAL ÉMERGÉ.
140 000	Dépôt des sables du Soissonnais de M. Hébert, (Bracheux, type). — Des sables de Woolwich, etc.

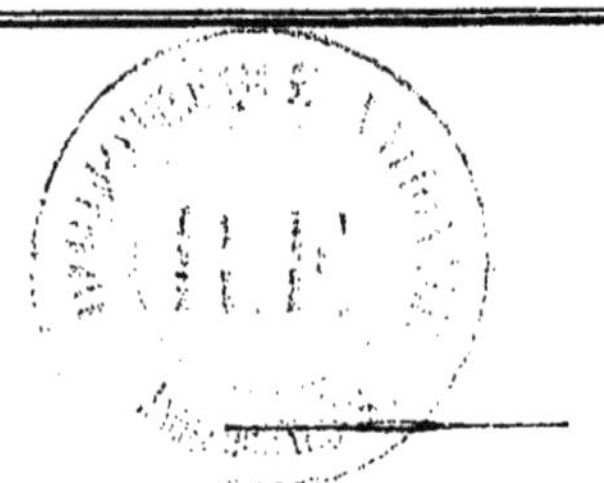

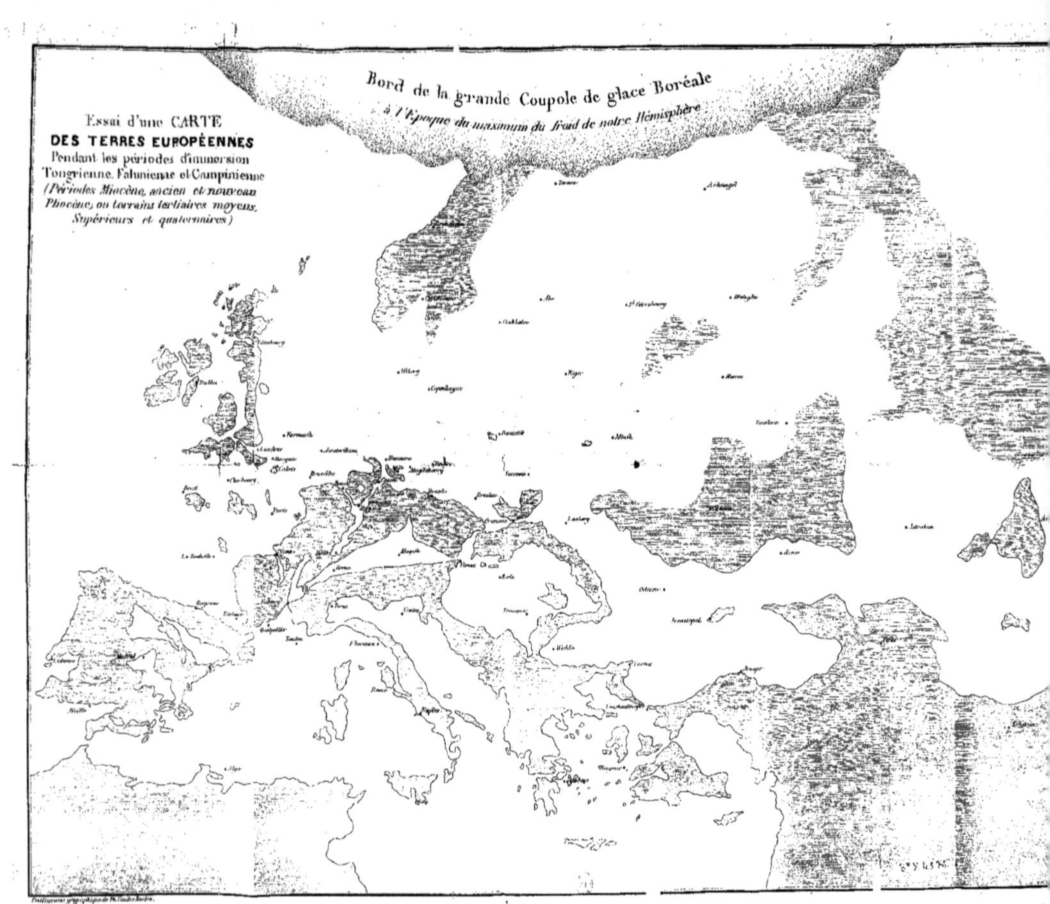
Bord de la grande Coupole de glace Boréale
à l'Époque du maximum du froid de notre Hémisphère
Essai d'une CARTE
DES TERRES EUROPÉENNES
Pendant les périodes d'immersion
Tongrienne, Falunienne et Campinienne
(Périodes Miocène, ancien et nouveau
Pliocène, ou terrains tertiaires moyens,
Supérieurs et quaternaires)

FIN

www.ingramcontent.com/pod-product-compliance
Ingram Content Group UK Ltd.
Pitfield, Milton Keynes, MK11 3LW, UK
UKHW020346230726
13925UKWH00003B/987

9 782013 600439